JN012641

高校入試数学
小問集合の攻略

小問集合に強くなる 60 のポイント

谷津 綱一

はじめに

小問集合を得点源にする 60 のポイント

特に公立入試の小問集合は，どれだけ得点を稼げるか大きな期待を寄せると共に，一方で失点をできるだけ減らすという重圧がのしかかります。ほぼすべての学校で出題される小問集合を，本書は得点源にするための指南書です。

これまで多くの受験生を教えてきた経験から，「どのように問題に立ち向かえばミスを減らせるか」という戦略や，「陥りやすい誤りをどう防ぐか」といった視点を 60 のポイントに散りばめまとめました。

例題で確認する第 1 章

第 1 章では代表的な例題をあげます。問題に触れながら着目点を一つひとつ確認していきましょう。特に計算ミスが多い人は，「わかっている」「できている」という肯定的な気持ちを排除したうえで，解説を読み飛ばさずに 60 のポイントをチェックしましょう。

公立の小問で実践する第 2 章

続けて第 2 章は公立高校の入試問題を配しました。1 セット 10 題の構成です。中学の計算全分野を網羅しているため，学校の教科書などで完了してから臨むことをお勧めします。

単元ごとの学習ももちろん大事ですが，次のステップとして，第 2 章のように単問で分野が切り替わる羅列型で鍛えていきましょう。

もし毎回同じ単元でつまずくならば，再び第 1 章の該当箇所で学習

し直しましょう。また次の第3章もそうですが，本書に直接書き込まず，日をおいて何度か繰り返せる状態を作ってください。何度もチャレンジすることが，本書の最も効果的な使用方法です。

私立の小問に挑戦する第3章

　第3章は主に私立高校の入試問題です。さらに上を目指す数学が得意な受験生向けなので，絶対に触れなければいけない章ではありません。

　計算も複雑で労力を要する面もあるでしょうから，制限時間は設けずに余裕のあるときにじっくり取り組んでください。解答を確認し，間違えた問題は再度トライするとよいでしょう。

手元で便利な第4章

　第4章は解説及び解答です。わからなかった問題は必ず解説に目を通しましょう。コピーをとって手元におけばさらに使いやすくなります。

　本書で繰り返し学習することで，小問集合が得意になれば幸いです。

　　　　　　　　　　　　　　　　　　　　　　　　　　著者記す

目次

はじめに…………………………………………………………… 2

第１章　例題………………………………………………………… 5

第２章　公立高校小問集合………………………………………… 31

第３章　小問集合発展演習………………………………………… 83

第４章　解答・解説……………………………………………… 115

第1章

例　題

1 正負の数   中1

例題 1   次の計算をせよ。

(1) $4-(-2)$ (2) $5-(2-3)$

(3) $8\div(-6)$ (4) $4-3\times(-2)$

(5) $(-2)^4$ (6) $6-(-1)^3\times3$

解答

(1) $4-(-2)$

$=4+2$

$=6$

> **ポイント1**
> $-(-\bigcirc)=+\bigcirc$ の形の出題
> は多く，符号に注意

(2) $5-(2-3)$

$=5-(-1)$

$=5+1$

$=6$

計算できるカッコ内から始める

ポイント1に注意

(3) $8\div(-6)$

$=\dfrac{\overset{4}{\cancel{8}}}{1}\times\left(-\dfrac{1}{\underset{3}{\cancel{6}}}\right)$

$=-\dfrac{4}{3}$

割り算は逆数にして計算

> **ポイント2**
> 暗算に頼らずかけ算に丁寧に直す
> 計算欄を広くとり，約分した後の数字も
> 大きめに書く

(4)　$4-\boxed{3\times(-2)}$　　　乗除を先に計算

$=4-(-6)$

$=4\oplus6$

$=10$

> **ポイント3**
> ○$-3\times(-2)$ の計算は慎重に，拙速に ○$+6$ とせず，いったん ○$-(-6)$ と書いた方が，より符号の間違いが起きにくい

(5)　$(-2)^4$

　　　　　　　　　　　$2^4=8$ でないことに注意

$=16$

> **ポイント4**
> 累乗の計算ではかけるマイナスの個数に注目 -2^4 ならば，$-2^4=-(2\times2\times2\times2)=-16$ となるから $(-2)^4$ とは計算が異なる

(6)　$6-\boxed{(-1)^3}\times3$

> **ポイント5**
> 累乗の計算を先にする

$=6-\boxed{(-1)\times3}$

$=6-(-3)$

$=9$

　　　　○$-(-1)\times3=$○-3 と誤らないためにも，ポイント3が重要

🐾 公立入試へのアドバイス

　公立入試では"発想や工夫する術"より，地道に丁寧な計算を問われることが多い。急がず真正面から取り組もう。

例題2　次の計算をせよ。

(1)　$2a \times 5$　　　(2)　$4x \times (-2x)$　　　(3)　$2a^2b \times (-3ab)$

(4)　$6a \div 3b$　　　(5)　$8a^2 \div 3a$　　　(6)　$3x^2y^3 \div 2x^3y \times 4x$

解答

(1)　$2a \times 5$

　　$= (2 \times 5) \times a$

　　$= 10 \times a = 10a$

> **ポイント6**
> 係数は計算してまとめる

(2)　$4x \times (-2x)$

　　$= \underline{4 \times (-2)} \times \underline{x \times x}$

　　$= (-8) \times x^2 = -8x^2$

> **ポイント7**
> 数字と文字を分けて計算する

この計算はなるべく頭の中でしたい

(3)　$2a^2b \times (-3ab)$

　　$= 2 \times (-3) \times \boxed{a^3} \times \boxed{b^2}$

　　$= -6a^3b^2$

> **ポイント8**
> a と b の個数に誤りがないよう，分けるとよい

(4)　$6a \div 3b$

　　$= \dfrac{6a}{1} \div \dfrac{3b}{1}$

　　$= \dfrac{\overset{2}{\cancel{6a}}}{1} \times \dfrac{1}{\underset{1}{\cancel{3b}}}$

　　$= \dfrac{2a}{b}$

> **ポイント9**
> $\bigcirc \div 3b$ は，$\bigcirc \times \dfrac{1}{3}b$ ではなく $\bigcirc \times \dfrac{1}{3b}$ となることに注意する

8

(5) $8a^2 \div 3a$

$$= \frac{8a^2}{1} \div \frac{3a}{1}$$

$$= \frac{8a\cancel{a}}{1} \times \frac{1}{3\cancel{a}}$$

$$= \frac{8}{3}a$$

ポイント10
$\dfrac{8a^2}{3a}$ が答えではなく，同じ文字どう
しは約分する

(6) $3x^2y^3 \div 2x^3y \times 4x$

$$= \frac{3x^2y^3}{1} \div \frac{2x^3y}{1} \times \frac{4x}{1}$$

ポイント9に注意

ポイント11
上達すれば，この状態から約分
できたほうがよい

$$= \frac{3x^2y^3}{1} \times \frac{1}{2x^3y} \times \frac{4x}{1}$$

$$= \frac{3\cancel{xx}yyy}{1} \times \frac{1}{2\cancel{xxx}y} \times \frac{4\cancel{x}}{1}$$

ポイント10より文字 x を約分

$$= \frac{3yy\cancel{y}}{1} \times \frac{1}{2\cancel{y}} \times \frac{4}{1}$$

ポイント10より文字 y を約分

$$= \frac{3yy}{1} \times \frac{1}{\underset{1}{\cancel{2}}} \times \frac{\overset{2}{\cancel{4}}}{1}$$

$$= 6y^2$$

公立入試へのアドバイス

最後まで約分を残すのではなく，途中の過程で文字数を減らそう。
この方が計算の見通しが立ちやすい。

例題3 次の計算をせよ。

(1) $3x-(-2x)$ (2) $5(x+2)$ (3) $(2x+1)-2(3x-4)$

(4) $\dfrac{3}{2}x + \dfrac{3x-1}{5}$ (5) $\dfrac{2a+5}{3} - \dfrac{a-1}{2}$

解答

(1)

$=3x+2x$

$=(3+2)\times x$

$=5x$

ポイント1と同様の注意

(2) $5(x+2)$

$=5x+5\times2$

$=5x+10$

ポイント12
分配法則を利用して，かっこの
外の数を順にかけていく

(3) $(2x+1)-2(3x-4)$

$=2x+1-6x+8$

$=-4x+9$

ポイント13
かっこの前のマイナスを，－4にかける
ことを忘れてしまうケースに注意する

$-6x-8$ としないように

$(2x+1)-(6x-8)=2x+1-6x+8$
と計算してもよい

(4) $\dfrac{3}{2}x + \dfrac{3x-1}{5}$

かっこ

$= \dfrac{3\times5}{2\times5}x + \dfrac{(3x-1)\times2}{5\times2}$

$= \dfrac{15}{10}x + \dfrac{2(3x-1)}{10}$

$= \dfrac{15x+2(3x-1)}{10} = \dfrac{15x+6x-2}{10}$

$= \dfrac{21x-2}{10}$

ポイント14
分子に( )をつけて通分する

ポイント15
約分ができるのは以下のようなケース

$\dfrac{\overset{2}{\cancel{4a}}-\overset{1}{\cancel{2}}}{\underset{3}{\cancel{6}}} = \dfrac{2a-1}{3}$

このように，すべての項を同じ数で割る

分子の2と分母の10だけで約分する誤りがある

(5) $\dfrac{2a+5}{3} - \dfrac{a-1}{2}$

かっこ　　かっこ

$= \dfrac{(2a+5)\times2}{3\times2} - \dfrac{(a-1)\times3}{2\times3}$

$= \dfrac{2(2a+5)-3(a-1)}{6}$

$= \dfrac{4a+10-3a+3}{6}$

$= \dfrac{a+13}{6}$

ポイント14より，はじめに( )をつけてから通分

ポイント13にも注意

👆 公立入試へのアドバイス

(5)のように，マイナスで項がつながっている分数では，特にミスが起こりやすい。

4 式の展開   中3

例題4　次の式を展開せよ。

(1)　$(x+2)(x-3)$

(2)　$(x-1)(5-x)$

(3)　$(x-4)^2$

(4)　$-2(x-1)(x+4)$

(5)　$(x+2)^2-4(x-1)$

解答

(1)　$(x+2)(x-3)$

$=x^2-3x+2x-6$

$=x^2-x-6$

> **ポイント16**
> 式の展開は，順番に掛けていく

(2)　$(x-1)(5-x)$

$=5x-x^2-5+x$

$=-x^2+6x-5$

(3)　$(x-4)^2$

$(x-4)(x-4)$　とすれば計算しやすい

$=(x-4)(x-4)$

$=x^2-4x-4x+16$

$=x^2-8x+16$

> **ポイント17**
> $-8x$ を見落として，x^2+16 としないように

12

(4)　$-2(x-1)(x+4)$

$=-2(x^2+4x-x-4)$

$=-2(x^2+3x-4)$

$=-2x^2-6x+8$

ポイント１８
-2 を残し，まずは式の展開から
$(-2x+2)(x+4)$ や $(x-1)(-2x-8)$
とせずに，$(\bigcirc+\square)(\bigcirc+\triangle)$ から計算
する

(5)　$(x+2)^2-4(x-1)$

$(x+2)^2=(x+2)(x+2)$ と計算

$=(x+2)(x+2)-4(x-1)$

ポイント１９
まず式の展開から始め，
続けて分配法則

$=(x^2+4x+4)-4(x-1)$

$-4(x-1)=-4x-4$ ではない
ポイント１３に注意

$=(x^2+4x+4)-4x+4$

$=x^2+8$

[別解]　$(x^2+4x+4)-4(x-1)$

$=(x^2+4x+4)-(4x-4)$

$=(x^2+4x+4)-4x+4$

$=x^2+8$

☞ 公立入試へのアドバイス

(4)や(5)のように，まず$(\square+\triangle)(\square+\bigcirc)$の計算をしよう。

例題5 次の式を因数分解せよ。

(1) $ax - ay$

(2) $4a^2b - 3ab$

(3) $a^2 - 5a - 14$

(4) $x^2 - 6xy + 9y^2$

(5) $x^3 + 5x^2 + 6x$

(6) $2a^3b - 4a^2b^2 - 6ab^3$

(7) $(x+2)(x-3) + 2(x-7)$

解答

(1) $\boxed{a}x - \boxed{a}y$ 共通因数

    $= a(x-y)$

> **ポイント20**
> 共通因数を探しくくる

(2) $4a^2b - 3ab$

    $= 4a\boxed{ab} - 3\boxed{ab}$ 共通因数

    $= ab(4a-3)$

(3) $a^2 - 5a - 14$ 2数の積 / 2数の和

    $= (a-7)(a+2)$

> **ポイント21**
> 2数の和と積から見当をつける

(4) $x^2 - 6xy + 9y^2$ 2数の積 / 2数の和

    $= (x-3y)(x-3y)$

    $= (x-3y)^2$

> **ポイント22**
> $(x-3)(x-3)$ をイメージする

> **ポイント23**
> ( )内が同一ならばまとめる

(5)　x^3+5x^2+6x

　　$=\boxed{x(x^2+5x+6)}$　─── 2数の積

　　　　　　　　　　　　　─── 2数の和

　　$=x(x+2)(x+3)$

ポイント20→ポイント21
の順に

(6)　$2a^3b-4a^2b^2-6ab^3$

　　$=\boxed{2ab(a^2-2ab-3b^2)}$　─── 2数の積

　　　　　　　　　　　　　　　─── 2数の和

　　$=2ab(a+b)(a-3b)$

まず共通因数でくくる

共通因数は文字だけではなく,
中学数学では数字もくくる

(7)　$(x+2)(x-3)+2(x-7)$

　　$=(x^2-3x+2x-6)+(2x-14)$

　　$=x^2+x-20$　─── 2数の積

　　　　　　　　─── 2数の和

　　$=(x+5)(x-4)$

ポイント24
展開し，整理し，見通しを立てる

ここでポイント21

☺ 公立入試へのアドバイス

　因数分解は，'①共通因数でくくる''②$(x+△)(x+□)$の形にす
る'という順序で考える。この手順が浮かばないととたんにやり
にくく厄介になる。

　また公立入試であれば，(　)のついた複雑なものは展開によって
整理して式をスッキリさせるとよい。

例題6　次の計算をせよ。

(1)　$\sqrt{3} \times \sqrt{6}$　　　(2)　$2\sqrt{3} \times 3\sqrt{6}$　　　(3)　$2\sqrt{8} - \sqrt{50}$

(4)　$\dfrac{6}{\sqrt{2}} - \sqrt{18}$　　(5)　$(\sqrt{3} - 1)(\sqrt{3} + 1)$

解答

(1)　$\sqrt{3} \times \sqrt{6}$

$= \sqrt{3 \times 6}$

$= \sqrt{18}$

$= 3\sqrt{2}$

ポイント25
$\sqrt{3} \times \underline{\sqrt{6}} = \sqrt{3} \times \underline{\sqrt{3} \times \sqrt{2}} = 3 \times \sqrt{2}$
と，計算しやすいように分けてもよい

$\sqrt{18}$ は根号を簡単にする

(2)　$2\sqrt{3} \times 3\sqrt{6}$

$= \boxed{2 \times 3} \times \boxed{\sqrt{3} \times \sqrt{6}}$

$= 6 \times \sqrt{18}$

$= 6 \times 3\sqrt{2}$

$= 18\sqrt{2}$

ポイント26
平方根の乗除は，無理数とそうでない
部分を分けて計算する

［別解］　ポイント25を利用すれば，

$2 \times \sqrt{3} \times 3 \times \boxed{\sqrt{3} \times \sqrt{2}}$

$= 2 \times 3 \times \underline{\sqrt{3} \times \sqrt{3}} \times \sqrt{2}$

$= 2 \times 3 \times 3 \times \sqrt{2}$

$= 18\sqrt{2}$

(3)　$2\sqrt{8} - \sqrt{50}$

$\quad = 2 \times \underline{2\sqrt{2}} - \underline{5\sqrt{2}}$

$\quad = 4\sqrt{2} - 5\sqrt{2}$

$\quad = -\sqrt{2}$

ポイント27
平方根の加減は，根号の中を簡単にしてから計算する

$(4-5) \times \sqrt{2} = -\sqrt{2}$ と計算

(4)　$\dfrac{6}{\sqrt{2}} - \sqrt{18}$

$\quad = \dfrac{6 \times \sqrt{2}}{\sqrt{2} \times \sqrt{2}} - 3\sqrt{2}$

$\quad = \dfrac{\overset{3}{\cancel{6}}\sqrt{2}}{\underset{1}{\cancel{2}}} - 3\sqrt{2}$

$\quad = 3\sqrt{2} - 3\sqrt{2}$

$\quad = 0$

ポイント28
まず分母を有理化する

$\dfrac{6}{\sqrt{2}} = \dfrac{\sqrt{36}}{\sqrt{2}} = \sqrt{18} = 3\sqrt{2}$

と計算してもよい

(5)　$(\sqrt{3} - 1)(\sqrt{3} + 1)$

ポイント16を利用する

$\quad = 3 + \sqrt{3} - \sqrt{3} - 1$

$\quad = 2$

☺ 公立入試へのアドバイス

　根号の中の数字を簡単にしたり分母を有理化したりと，平方根の計算は何かと手数が多い。入試では，これらの手順を一つひとつ丁寧に確認しながら前へ進もう。

例題7 次の方程式を解け。

(1) $6x-1=-4$

(2) $5x-8=11x-6$

(3) $3(x-3)-2=1-(2x-3)$

(4) $\dfrac{1}{4}x-2=\dfrac{2}{3}x-\dfrac{1}{2}$

解答

(1) $6x-1=-4$

$\qquad 6x=-4+1$

$\qquad 6x=-3$

$\qquad x=(-3)\div 6$

$\qquad x=-\dfrac{1}{2}$

ポイント29
この出題では，移項して，整理して，両辺を割るという手筋

ポイント30
誤って $6x=-3$, $x=-2$ としないように

ポイント31
元の式へ代入し合っているか確かめるゆとりも欲しい

(2) $5x-8=11x-6$

$\quad 5x-11x=-6+8$

$\qquad -6x=2$

$\qquad x=2\div(-6)$

$\qquad x=-\dfrac{1}{3}$

ポイント29と同様

ポイント30に注意

18

(3)　$3(x-3)-2=1-(2x-3)$

ポイント１３に注意する
気をつけるところは文字式と同じ

$3x-9-2=1-2x+3$

$3x-11=-2x+4$

ポイント３２
左辺や右辺が整理できるなら，移項する前に行う

$3x+2x=4+11$

$5x=15$

$x=15\div5$

$x=3$

(4)　$\dfrac{1}{4}x-2=\dfrac{2}{3}x-\dfrac{1}{2}$

$\left(\dfrac{1}{4}x-2\right)\times12=\left(\dfrac{2}{3}x-\dfrac{1}{2}\right)\times12$

ポイント３３
分数の分母を払う目的で，両辺を12倍する

$3x-24=8x-6$

$3x-8x=-6+24$

$-5x=18$

通分して解くこともできる

$x=18\div(-5)$

$x=-\dfrac{18}{5}$

公立入試へのアドバイス

　方程式でも文字式でも注意するポイントは同じ。ただし(4)のように，両辺の分母を払うことができてここが文字式と異なるところ。

　また(1)のような，割られる数と割る数の取り違えのミスも方程式では起こしやすい。

例題8　次の連立方程式を解け。

(1) $\begin{cases} y=2x-9 \\ x-2y=6 \end{cases}$ (2) $\begin{cases} 5x+2y=17 \\ 2x-3y=3 \end{cases}$ (3) $4x-y=x-3y=11$

解答

(1) $\begin{cases} y=\boxed{2x-9}\cdots① \\ x-2\boxed{y}=6\cdots② \end{cases}$

①の右辺を
②の y へ代入して，

$x-2(2x-9)=6$

$x-4x+18=6$

$-3x=6-18$

$-3x=-12,\ \ x=4$

これを①へ代入して，

$y=2×4-9=8-9=-1$

$\begin{cases} x=4 \\ y=-1 \end{cases}$

> **ポイント34**
> $x=$ または $y=$ の形になっていたら，
> もう一方の式へ代入するとよい

> **ポイント35**
> $2x-9$ 全体をかっこでまとめる

ポイント13に気をつける

もう一方の解も求める

連立方程式でも，求めた未知
数を元の式へ代入し確かめ
るとよい

(2) $\begin{cases} 5x+2y=17\cdots① \\ 2x-3y=3\cdots② \end{cases}$

①式を3倍，②式を2倍
する

> **ポイント36**
> x または y の係数を揃える

①×3＋②×2 より，

ここではyの係数を揃える
そこで，係数 2 と 3 の最小公倍数
6 を見い出す

$$15x+6y=51$$
$$+)4x-6y=6$$
$$\overline{}$$
$$19x=57$$
$$x=3$$

ポイント３７
yの係数は異符号だから，2 式
の和をとる

これを②へ代入して，$2\times3-3y=3$，$6-3y=3$，$-3y=-3$，$y=1$

$$\begin{cases} x=3 \\ y=1 \end{cases}$$

(3) $\begin{cases} 4x-y=11\cdots① \\ x-3y=11\cdots② \end{cases}$ とする

ポイント３８
A＝B＝C を切り離し，2 つの
式を作る

　①式を 3 倍する

ここではA＝C，B＝Cの 2 式とした

①×3－②より，

$$12x-3y=33$$
$$-)x-3y=11$$
$$\overline{}$$
$$11x=22$$
$$x=2$$

ポイント３９
yの係数は同符号だから，2 式
の差をとる

ひき算の計算では特に符号に気をつける

これを②へ代入して，$2-3y=11$，$-3y=11-2$，$-3y=9$，$y=-3$

$$\begin{cases} x=2 \\ y=-3 \end{cases}$$

🖐 公立入試へのアドバイス

　(2)では計算ミスをしやすい引き算をできるだけ避けた方がよい。(3)はやりやすい形に持ち込もう。

例題9 次の二次方程式を解け。

(1) $x^2-6x+8=0$ (2) $4x^2=3x$

(3) $x^2+6x+3=0$ (4) $5x^2-2x-1=0$

解答

(1) $x^2-6x+8=0$

$(x-2)(x-4)=0$

$x=2,\ 4$

> **ポイント40**
> 因数分解する

A×B＝0 だから，A＝0，B＝0 を考えて，
$x-2=0$ より $x=2$，$x-4=0$ より $x=4$

(2) $4x^2=3x$

$4x^2-3x=0$

$x(4x-3)=0$

↖ この解に注意

$x=0,\ \dfrac{3}{4}$

> **ポイント41**
> 両辺を x で割ってはいけない

> **ポイント42**
> $(x+0)(4x-3)=0$ をイメージする
> とよい

(3) $x^2+6x+3=0$

$(x+3)^2-9+3=0$

$(x+3)^2-6=0$

$(x+3)^2=6$

$x+3=\pm\sqrt{6}$

$x=-3\pm\sqrt{6}$

> **ポイント43**
> 平方完成 $(x+○)^2$ の形にする

> **ポイント44**
> 右辺を±にすることに注意する

22

(4)　$5x^2-2x-1=0$

$a=5$, $b=-2$, $c=-1$ として,
解の公式から,

$$x=\frac{-(-2)\pm\sqrt{(-2)^2-4\times5\times(-1)}}{2\times5}$$

> **ポイント４５**
> 解の公式
> $$x=\frac{-b\pm\sqrt{b^2-4ac}}{2a}$$
> を利用

$$=\frac{2\pm\sqrt{4-(-20)}}{10}$$

ルートの中を $\sqrt{4-20}$ と間違わないこと

$$=\frac{2\pm\sqrt{24}}{10}$$

> **ポイント４６**
> 根号の中を簡単にする
> →約分できるか気にする

$$=\frac{\overset{1}{\cancel{2}}\pm\overset{1}{\cancel{2}}\sqrt{6}}{\underset{5}{\cancel{10}}}$$

約分はポイント１５と同じ考え方

$$=\frac{1\pm\sqrt{6}}{5}$$

$x=\pm\dfrac{\sqrt{6}}{5}$ としないように

> **ポイント４７**
> x の係数が偶数ならば最後に約分できる

💧 公立入試へのアドバイス

　計算が楽な因数分解ができないかまずはそれを確かめる。ダメなら他の方法を探る。また，平方完成と解の公式は自分のやり易い方を選ぼう。ただし解の公式は注意深く扱わないと，間違えるポイントが多数潜む。

例題10 次の各問に答えよ。

(1) $a=-1$, $b=2$ のとき, a^2-3b の値を求めよ。

(2) $x=\sqrt{2}+1$, $y=\sqrt{2}-1$ のとき, $6x^2y^3 \div 2xy^2$ の値を求めよ。

(3) $a=\dfrac{1}{2}$, $b=-\dfrac{1}{4}$ のとき, $4a \div 8b$ の値を求めよ。

(4) $a=28$, $b=-25$ のとき, $a^2+2ab+b^2$ の値を求めよ。

(5) $x=\sqrt{3}+\sqrt{2}$, $y=\sqrt{3}-\sqrt{2}$ のとき, x^2-y^2 の値を求めよ。

解答

(1) $a=-1$, $b=2$ を,

a^2-3b へ代入する

$(-1)^2-3\times2=1-6=-5$

> **ポイント48**
> 文字へ数値を代入して値を求める

(2) $6x^2y^3 \div 2xy^2=3xy$ 　　まずは文字式を計算する

$3xy$ の x や y へ, $x=\sqrt{2}+1$, $y=\sqrt{2}-1$ を代入する

$3(\sqrt{2}+1)(\sqrt{2}-1)$

$=3(2-\sqrt{2}+\sqrt{2}-1)$

$=3$

> **ポイント49**
> 式を整理して文字数を減らす

(3) $a=\dfrac{1}{2}$, $b=-\dfrac{1}{4}$ を

$4a \div 8b$ へ代入する

> **ポイント50**
> 文字式を計算しても,
> $\dfrac{4a}{8b}=\dfrac{a}{2b}$ と分母の文字が消えない
> 分母が分数になるのを避けるために,
> このまま代入する

$$4 \times \frac{1}{2} \div 8 \times \left(-\frac{1}{4}\right)$$

$$=2 \div (-2)$$

$$=-1$$

(4)　$a^2+2ab+b^2=(a+b)^2$

と因数分解し，

この式へ，$a=28$，$b=-25$

を代入する

　$\{28+(-25)\}^2$

$=3^2=9$

ポイント５１
因数分解して文字数を減らす
と計算しやすくなる

(5)　$x^2-y^2=(x+y)(x-y)$

と因数分解し，この式へ，

$x=\sqrt{3}+\sqrt{2}$ ，$y=\sqrt{3}-\sqrt{2}$

を代入する

　$\{(\sqrt{3}+\sqrt{2})+(\sqrt{3}-\sqrt{2})\}\{(\sqrt{3}+\sqrt{2})-(\sqrt{3}-\sqrt{2})\}$

$=2\sqrt{3} \times 2\sqrt{2}$

$=4\sqrt{6}$

ポイント５２
因数分解することで，2 乗の
計算が回避できる

このようにすると，$(\sqrt{3}+\sqrt{2})^2$ という
平方の計算をしなくてすむ

公立入試へのアドバイス

　拙速に代入するのではなく，できるだけ文字を減らしたり因数
分解をしたりという工夫をしよう。

例題11 次の各問に答えよ。

(1) $108a$ がある自然数の平方となるような，最小の整数 a の値を求めよ。

(2) $\dfrac{120}{n}$ がある自然数の平方となるような，最小の整数 n の値を求めよ。

(3) $\sqrt{24a}$ が整数となるような，最小の自然数 a の値を求めよ。

(4) $\sqrt{\dfrac{80}{k}}$ が自然数となるような，最小の整数 k の値を求めよ。

解答

(1)　$108 = 2^2 \times 3^3$ だから，

$108a = \boxed{2^2 \times 3^3} \times a$

$= (2 \times 3 \times 3) \times (2 \times 3 \times a)$

最小の整数 a だから，

$2 \times 3 \times 3$ と $2 \times 3 \times a$ が等しくなるように a を定めればよい

　$a = 3$

平方にするとは，
$(2 \times 5) \times (2 \times 5)$ や
$(2 \times 2 \times 3) \times (2 \times 2 \times 3)$
のように，対となる整数の組を作ればよい

ポイント53
素因数分解がヒントになる

(2)　$120 = 2^3 \times 3 \times 5$ だから，

$\dfrac{120}{n} = \dfrac{2^2 \times (2 \times 3 \times 5)}{n}$

未知数が分母にあっても，素因数分解する考え方は同じ

26

この場合，n と $2 \times 3 \times 5$ で約分されればよいから，考えられる最小の整数 n は

$n = 2 \times 3 \times 5 = 30$

(3)　根号の中がある数の平方となればよい

$$\sqrt{24a} = \sqrt{2^2 \times (2 \times 3) \times a} = 2\sqrt{6 \times a}$$

ポイント５４
a が自然数であることに注意
もし a が整数ならば，最小値は
$a = 0$

よって，$6a$ がある数の平方になればよいから，最小の自然数 a は，$a = 6$

（このとき，$2\sqrt{6 \times 6} = 2 \times 6 = 12$ となる）

(4)　根号の中がある数の平方となればよい。

$80 = 2^4 \times 5$ だから，$\sqrt{\dfrac{80}{k}} = \sqrt{\dfrac{(2 \times 2)^2 \times 5}{k}}$

つまり 5 が約分されればよいから，考えられる最小の整数 k は，$k = 5$

（このとき，$\sqrt{\dfrac{80}{5}} = \sqrt{16} = 4$ となる）

💡 公立入試へのアドバイス

　素因数分解して，$2^3 \times 3$ ならば 2^2 と 2×3，$2^3 \times 3^2$ ならば $2^2 \times 3^2$ と 2 のように，偶数乗とそれ以外の部分に，指数を見ながら分けるとよい。

例題12　次の各問に答えよ。

(1)　$ax+y=4$ を y について解け。

(2)　$3a-2b=c$ を b について解け。

解答

(1)　$ax+\enclose{circle}{y}=4$

　　　　$y=4-ax$

> **ポイント55**
> 「yについて解く」とは，式を$y=$の形に変形すること

> **ポイント56**
> y以外の項は左辺へ残さない

(2)　$3a-2\enclose{circle}{b}=c$

　　　$-2b=-3a+c$ 　　左辺を b を含む項だけにし，
　　　　　　　　　　　残りは移項する

　　　$2b=3a-c$ 　　係数を正の数にするために，
　　　　　　　　　　両辺を (-1)倍する

　　　$b=\dfrac{3a-c}{2}$

> **ポイント57**
> 両辺をbの係数で割る

☝ 公立入試へのアドバイス

　まずは移項し，続いて文字の係数で両辺を割ろう。

13 数の大小関係 中3

例題13 次の各問に答えよ。

(1) $\dfrac{10}{3}$ ， $\sqrt{11}$ ， 3 を小さい順に並べよ。

(2) $3<\sqrt{n}<4$ を満たす，整数 n の値をすべて求めよ。

解答

(1) 与えられた3つの数を，それぞれ<u>平方する</u>と，

$$(\dfrac{10}{3})^2=\dfrac{100}{9} ，\ (\sqrt{11})^2=11=\dfrac{99}{9} ，\ 3^2=9=\dfrac{81}{9}$$

$\dfrac{81}{9}<\dfrac{99}{9}<\dfrac{100}{9}$ だから，

$$3<\sqrt{11}<\dfrac{10}{3}$$

> **ポイント58**
> 無理数を含む大小関係は，平方して比べるとよい
> $a>0$ ，$b>0$ のとき，$a^2<b^2$ ならば $a<b$

(2) 正の数だから，それぞれを<u>平方しても</u>数の大小関係は変わらないから，

$3^2<(\sqrt{n})^2<4^2$ は，$9<n<16$

よってこれを満たす整数 n は，

$n=10，\ 11，\ 12，\ 13，\ 14，\ 15$

大小関係を問うものは，ポイント58と同様に平方して比べる

✍ 公立入試へのアドバイス

大小関係や不等号が出てきたら，正の数ならば大小関係は変わらないから，平方して比べることを頭の中に留めておこう。

例題14 次の各問に答えよ。

(1) $\dfrac{1}{111}$ の小数第9位はいくつか。

(2) 2^7 の一の位はいくつか。

解答

(1) $\dfrac{1}{111} = 0.\underline{009}009009\cdots$ と

$\boxed{009}$ が繰り返されるから,

小数第9位の数字は9

> **ポイント59**
> 数の繰り返しの周期に着目する

規則性があるかどうか知るためには,実際
に割り算をして確かめるとよい
このケースでは,筆算をする過程で同じ余
りが繰り返されることに気づく

(2) 2 の一の位は2,

2^2 の一の位は4,

2^3 の一の位は8,

2^4 の一の位は6,

2^5 の一の位は2

このように,$\boxed{2 \to 4 \to 8 \to 6} \to 2 \to \cdots$ と繰り返される

つまり8

十の位や百の位は考えなくてよい

> **ポイント60**
> 対象となるものを辛抱強く並べ
> ると,規則性が浮き出てくる

☺ 公立入試へのアドバイス

時に,ひたすら計算して書き出すことも大切。

第2章
公立高校小問集合

問題1　次の各問に答えよ。

(1)　$4-10$　を計算せよ。＜青森県＞

(2)　$4\times8-5$　を計算せよ。＜鹿児島県＞

(3)　$6a^2\times\dfrac{1}{3}a$　を計算せよ。＜群馬県＞

(4)　$7x-3x$　を計算せよ。＜埼玉県＞

(5)　$4(8x-7)$　を計算せよ。＜山口県＞

(6)　$\sqrt{2}\times\sqrt{14}$　を計算せよ。＜北海道＞

(7)　$\sqrt{54}-2\sqrt{3}\div\sqrt{2}$　を計算せよ。＜石川県＞

(8)　方程式　$4x+5=x-1$　を解け。＜群馬県＞

(9)　2次方程式　$x^2-x-12=0$　を解け。＜宮城県＞

(10)　$4a-9b+3=0$　を a について解け。＜宮城県＞

32

問題 2　次の各問に答えよ。

(1)　$-9+2$　を計算せよ。＜宮城県＞

(2)　$3\times(-5)+9$　を計算せよ。＜香川県＞

(3)　$(-3a)^2\times(-2b)$　を計算せよ。＜沖縄県＞

(4)　$\dfrac{4}{5}x-\dfrac{2}{3}x$　を計算せよ。＜三重県＞

(5)　$18\times\dfrac{5x-2y}{6}$　を計算せよ。＜徳島県＞

(6)　$\sqrt{80}\times\sqrt{5}$　を計算せよ。＜秋田県＞

(7)　$\sqrt{30}\div\sqrt{5}+\sqrt{54}$　を計算せよ。＜熊本県＞

(8)　方程式　$7x-2=x+1$　を解け。＜埼玉県＞

(9)　2 次方程式　$x^2+3x+2=0$　を解け。＜秋田県＞

(10)　$3x+7y=21$　を x について解け。＜滋賀県＞

問題3　次の各問に答えよ。

(1)　$3.4-(-2.5)$　を計算せよ。＜大阪府＞

(2)　$(-56)\div7-3$　を計算せよ。＜岡山県＞

(3)　$\dfrac{1}{6}xy\times(-18x)$　を計算せよ。＜山梨県＞

(4)　$(-6x+9)\div3$　を計算せよ。＜長野県＞

(5)　$\dfrac{1}{3}x+y-2x+\dfrac{1}{2}y$　を計算せよ。＜青森県＞

(6)　$\sqrt{12}\times\sqrt{45}$　を計算せよ。＜福島県＞

(7)　$\sqrt{32}+2\sqrt{3}\div\sqrt{6}$　を計算せよ。＜石川県＞

(8)　方程式　$3x-7=8-2x$　を解け。＜熊本県＞

(9)　2次方程式　$x^2-5x-6=0$　を解け。＜新潟県＞

(10)　$-a+3b=1$　を b について解け。＜宮崎県＞

34

問題4　次の各問に答えよ。

(1)　$-7-4$　を計算せよ。＜宮城県＞

(2)　$(-2)\times3-4$　を計算せよ。＜島根県＞

(3)　$14ab\times\dfrac{b}{2}$　を計算せよ。＜岡山県＞

(4)　$(15x+20)\div5$　を計算せよ。＜岩手県＞

(5)　$2x-(3x-y)$　を計算せよ。＜岩手県＞

(6)　$3\div\sqrt{6}\times\sqrt{8}$　を計算せよ。＜東京都＞

(7)　$\sqrt{48}-3\sqrt{6}\div\sqrt{2}$　を計算せよ。＜愛知県＞

(8)　方程式　$6x-1=4x-9$　を解け。＜群馬県＞

(9)　2 次方程式　$x^2-7x-18=0$　を解け。＜富山県＞

(10)　$3a-2b+5=0$　を b について解け。＜鹿児島県＞

問題5 次の各問に答えよ。

(1) $-6+(-9)$ を計算せよ。＜神奈川県＞

(2) $-2\times3+2$ を計算せよ。＜千葉県＞

(3) $(-4a)^2\times3b$ を計算せよ。＜山口県＞

(4) $(3x^2y-2xy^2)\div xy$ を計算せよ。＜愛媛県＞

(5) $-2(3x-y)+2x$ を計算せよ。＜群馬県＞

(6) $4\sqrt{5}+\sqrt{20}$ を計算せよ。＜北海道＞

(7) $\sqrt{12}+2\sqrt{6}\times\dfrac{1}{\sqrt{8}}$ を計算せよ。＜石川県＞

(8) 方程式 $5x+8=3x-4$ を解け。＜熊本県＞

(9) 2 次方程式 $x^2=x+12$ を解け。＜滋賀県＞

(10) $b=\dfrac{5a+4}{7}$ を a について解け。＜大阪府＞

| 月　　日　　得点　　問／10 問中 | 月　　日　　得点　　問／10 問中 |

問題6　次の各問に答えよ。

(1)　$4+(-8)$　を計算せよ。＜沖縄県＞

(2)　$7-5\times(-2)$　を計算せよ。＜沖縄県＞

(3)　$2a\times(-3a)^2$　を計算せよ。＜沖縄県＞

(4)　$(6a^2-4ab)\div2a$　を計算せよ。＜香川県＞

(5)　$a+b+\dfrac{1}{4}(a-8b)$　を計算せよ。＜千葉県＞

(6)　$\sqrt{12}+9\sqrt{3}$　を計算せよ。＜大阪府＞

(7)　$\dfrac{6}{\sqrt{3}}+\sqrt{15}\div\sqrt{5}$　を計算せよ。＜島根県＞

(8)　方程式　$5x-6=2x+3$　を解け。＜沖縄県＞

(9)　2次方程式　$x^2-5x=6$　を解け。＜宮崎県＞

(10)　$a=\dfrac{2b-c}{5}$　を c について解け。＜栃木県＞

問題7　次の各問に答えよ。

(1)　$-4-(-8)$　を計算せよ。＜宮崎県＞

(2)　$6+4\times(-3)$　を計算せよ。＜熊本県＞

(3)　$(-3a)\times(-2b)^3$　を計算せよ。＜福島県＞

(4)　$(8a^2b+36ab^2)\div4ab$　を計算せよ。＜静岡県＞

(5)　$4(x-2y)+3(x+3y-1)$　を計算せよ。＜愛媛県＞

(6)　$2\sqrt{3}+\sqrt{27}$　を計算せよ。＜兵庫県＞

(7)　$\dfrac{12}{\sqrt{6}}+3\sqrt{3}\times(-\sqrt{2})$　を計算せよ。＜高知県＞

(8)　方程式　$3:8=x:40$　を解け。＜沖縄県＞

(9)　2次方程式　$3x^2-5x-1=0$　を解け。＜埼玉県＞

(10)　$l=2\pi r$　を r について解け。＜青森県＞

問題8　次の各問に答えよ。

(1)　$-7-(-3)$　を計算せよ。＜徳島県＞

(2)　$9+4\times(-3)$　を計算せよ。＜福岡県＞

(3)　$2ab\div\dfrac{b}{2}$　を計算せよ。＜岐阜県＞

(4)　$(-6xy^2+8xy)\div(-2xy)$　を計算せよ。＜山形県＞

(5)　$x(3x+4)-3(x^2+9)$　を計算せよ。＜山梨県＞

(6)　$\sqrt{54}-2\sqrt{6}$　を計算せよ。＜佐賀県＞

(7)　$\dfrac{8}{\sqrt{12}}+\sqrt{50}\div\sqrt{6}$　を計算せよ。＜高知県＞

(8)　方程式　$x:12=3:2$　を解け。＜大阪府＞

(9)　2 次方程式　$2x^2-3x-6=0$　を解け。＜東京都＞

(10)　$a=-6$ のとき，$-2a+14$ の値を求めよ。＜大阪府＞

問題9 次の各問に答えよ。

(1) $8-(-5)$ を計算せよ。＜山口県＞

(2) $3+8÷(-4)$ を計算せよ。＜香川県＞

(3) $-18xy÷3x$ を計算せよ。＜大阪府＞

(4) $(4x^2y+xy^3)÷xy$ を計算せよ。＜大分県＞

(5) $3(a-2b)+4(-a+3b)$ を計算せよ。＜宮崎県＞

(6) $3\sqrt{2}+\sqrt{8}$ を計算せよ。＜沖縄県＞

(7) $\sqrt{6}×\sqrt{2}+\dfrac{3}{\sqrt{3}}$ を計算せよ。＜大分県＞

(8) 方程式 $5x-7=9(x-3)$ を解け。＜東京都＞

(9) 2次方程式 $7x^2+2x-1=0$ を解け。＜神奈川県＞

(10) $a=-3$ のとき，$4a+21$ の値を求めよ。＜大阪府＞

月	日	得点	問／10 問中

月	日	得点	問／10 問中

問題１０　次の各問に答えよ。

(1)　$2-(-4)$　を計算せよ。＜岡山県＞

(2)　$2+12\div(-3)$　を計算せよ。＜島根県＞

(3)　$28x^2\div 7x$　を計算せよ。＜広島県＞

(4)　$(6x^2y+4xy^2)\div 2xy$　を計算せよ。＜青森県＞

(5)　$-4(2x-y)+5x-2y$　を計算せよ。＜佐賀県＞

(6)　$\sqrt{8}-\sqrt{18}$　を計算せよ。＜福島県＞

(7)　$\dfrac{12}{\sqrt{6}}+\sqrt{42}\div\sqrt{7}$　を計算せよ。＜千葉県＞

(8)　方程式　$4(x+8)=7x+5$　を解け。＜東京都＞

(9)　2 次方程式　$3x^2-x-1=0$　を解け。＜鳥取県＞

(10)　$a=-1$,　$b=\dfrac{3}{5}$ のとき，$(a+4b)-(2a-b)$の値を求めよ。

＜宮城県＞

41

問題11　次の各問に答えよ。

(1) $-2-(-12)$　を計算せよ。＜大阪府＞

(2) $\dfrac{8}{5}+\dfrac{7}{15}\times(-3)$　を計算せよ。＜和歌山県＞

(3) $8xy^2\div(-2x)$　を計算せよ。＜佐賀県＞

(4) $2(x+5y)-3(-x+y)$　を計算せよ。＜沖縄県＞

(5) $(x+5)(x+4)$　を計算せよ。＜栃木県＞

(6) $\sqrt{5}+\sqrt{45}$　を計算せよ。＜大阪府＞

(7) $\dfrac{1}{\sqrt{8}}\times 4\sqrt{6}-\sqrt{27}$　を計算せよ。＜京都府＞

(8) 方程式　$0.16x-0.08=0.4$　を解け。＜京都府＞

(9) 2次方程式　$2x^2-x-2=0$　を解け。＜佐賀県＞

(10) $a=3,\ b=\dfrac{1}{3}$ のとき，$(2a+b)-(a+4b)$の値を求めよ。

＜群馬県＞

42

月　　日　　得点　　問／10 問中	月　　日　　得点　　問／10 問中

問題12　次の各問に答えよ。

(1)　$4-(-9)$　を計算せよ。＜茨城県＞

(2)　$13+3\times(-2)$　を計算せよ。＜滋賀県＞

(3)　$3xy^2\div15xy$　を計算せよ。＜宮城県＞

(4)　$3(a-4b)-(2a+5b)$　を計算せよ。＜福岡県＞

(5)　$(a+3)(a-3)$　を計算せよ。＜山口県＞

(6)　$4\sqrt{3}-\sqrt{12}$　を計算せよ。＜兵庫県＞

(7)　$\sqrt{2}\times\sqrt{6}+\dfrac{9}{\sqrt{3}}$　を計算せよ。＜広島県＞

(8)　方程式　$1.3x+0.6=0.5x+3$　を解け。＜埼玉県＞

(9)　2次方程式　$2x^2+5x-1=0$　を解け。＜熊本県＞

(10)　$x=\dfrac{1}{2}$，$y=-3$ のとき，$2(x-5y)+5(2x+3y)$ の値を求めよ。

＜秋田県＞

問題13　次の各問に答えよ。

(1)　$1-(-3)$　を計算せよ。＜岩手県＞

(2)　$6-(-4)\div2$　を計算せよ。＜愛知県＞

(3)　$12ab^3\div4ab$　を計算せよ。＜群馬県＞

(4)　$3(4x+y)-5(x-2y)$　を計算せよ。＜広島県＞

(5)　$(x+3)^2$　を計算せよ。＜栃木県＞

(6)　$5\sqrt{3}-\sqrt{27}$　を計算せよ。＜徳島県＞

(7)　$\dfrac{\sqrt{10}}{4}\times\sqrt{5}+\dfrac{3}{\sqrt{8}}$　を計算せよ。＜熊本県＞

(8)　方程式　$\dfrac{5x-2}{4}=7$　を解け。＜秋田県＞

(9)　2次方程式　$2x^2+3x-4=0$　を解け。＜長崎県＞

(10)　$a=-2,\ b=9$　のとき，$3a+b$　の値を求めよ。＜山口県＞

月	日	得点	問／10 問中

月	日	得点	問／10 問中

問題14　次の各問に答えよ。

(1)　$2-11+5$　を計算せよ。＜新潟県＞

(2)　$-8+27÷(-9)$　を計算せよ。＜静岡県＞

(3)　$15xy÷5x$　を計算せよ。＜三重県＞

(4)　$2(3a-b)-(a-5b)$　を計算せよ。＜岡山県＞

(5)　$(x-6y)^2$　を計算せよ。＜広島県＞

(6)　$\sqrt{12}+\sqrt{27}$　を計算せよ。＜沖縄県＞

(7)　$\sqrt{6}×\sqrt{8}-\dfrac{9}{\sqrt{3}}$　を計算せよ。＜鹿児島県＞

(8)　連立方程式 $\begin{cases} y=x-6 \\ 3x+4y=11 \end{cases}$　を解け。＜宮崎県＞

(9)　2次方程式　$2x^2+5x+1=0$　を解け。＜沖縄県＞

(10)　$a=-6,\ b=5$ のとき，a^2-8b の値を求めよ。＜大阪府＞

45

問題１５ 次の各問に答えよ。

(1) $-7-(-2)-1$ を計算せよ。＜山形県＞

(2) $9+2\times(-3)$ を計算せよ。＜富山県＞

(3) $48x^3 \div 8x$ を計算せよ。＜大阪府＞

(4) $2(2x+y)-(x-5y)$ を計算せよ。＜兵庫県＞

(5) $(2x+y)^2$ を計算せよ。＜沖縄県＞

(6) $\sqrt{48}-\sqrt{3}+\sqrt{12}$ を計算せよ。＜和歌山県＞

(7) $\dfrac{\sqrt{2}+1}{3}-\dfrac{1}{\sqrt{2}}$ を計算せよ。＜長崎県＞

(8) 連立方程式 $\begin{cases} x=4y+1 \\ 2x-5y=8 \end{cases}$ を解け。＜東京都＞

(9) ２次方程式 $2x^2-3x-1=0$ を解け。＜栃木県＞

(10) $a=3$，$b=-2$ のとき，$2a^2b^3 \div ab$ の値を求めよ。＜宮城県＞

46

問題１６　次の各問に答えよ。

(1)　$-5+1-(-12)$　を計算せよ。＜高知県＞

(2)　$8+12÷(-4)$　を計算せよ。＜秋田県＞

(3)　$28x^3y^2÷4x^2y$　を計算せよ。＜佐賀県＞

(4)　$3(-x+y)-(2x-y)$　を計算せよ。＜岐阜県＞

(5)　$(x-2)^2+3(x-1)$　を計算せよ。＜千葉県＞

(6)　$\sqrt{45}-\sqrt{5}+\sqrt{20}$　を計算せよ。＜広島県＞

(7)　$\sqrt{7}\,(9-\sqrt{21}\,)-\sqrt{27}$　を計算せよ。＜静岡県＞

(8)　連立方程式　$\begin{cases} x+3y=1 \\ y=2x-9 \end{cases}$　を解け。＜富山県＞

(9)　2 次方程式　$2x^2-3x-3=0$　を解け。＜埼玉県＞

(10)　$x=-2$, $y=3$ のとき，$(2x-y-6)+3(x+y+2)$の値を求めよ。＜群馬県＞

問題17　次の各問に答えよ。

(1)　$-8-(-2)+3$　を計算せよ。＜広島県＞

(2)　$4+3\times(-2)$　を計算せよ。＜沖縄県＞

(3)　$8a^3b^2\div6ab$　を計算せよ。＜栃木県＞

(4)　$7(2x-y)-(x-5y)$　を計算せよ。＜山梨県＞

(5)　$(x+1)^2+x(x-2)$　を計算せよ。＜大阪府＞

(6)　$6\sqrt{2}-\sqrt{18}+\sqrt{8}$　を計算せよ。＜鳥取県＞

(7)　$(\sqrt{5}+3)(\sqrt{5}-2)$　を計算せよ。＜青森県＞

(8)　連立方程式　$\begin{cases}4x-3y=10\\3x+2y=-1\end{cases}$　を解け。＜埼玉県＞

(9)　2次方程式　$4x^2+6x-1=0$　を解け。＜東京都＞

(10)　$x=\dfrac{1}{5}$，$y=-\dfrac{3}{4}$のとき，$(7x-3y)-(2x+5y)$の値を求めよ。

＜京都府＞

月　　日　　得点　　　問／10問中

月　　日　　得点　　　問／10問中

問題18　次の各問に答えよ。

(1)　$7-(-3)-3$　を計算せよ。＜新潟県＞

(2)　$\dfrac{1}{2}+\dfrac{7}{9}\div\dfrac{7}{3}$　を計算せよ。＜鹿児島県＞

(3)　$(-6ab)^2\div 4ab^2$　を計算せよ。＜新潟県＞

(4)　$2(5a-b)-3(3a-2b)$　を計算せよ。＜富山県＞

(5)　$a(a+2)+(a+1)(a-3)$　を計算せよ。＜和歌山県＞

(6)　$\dfrac{12}{\sqrt{6}}-3\sqrt{6}$　を計算せよ。＜埼玉県＞

(7)　$(\sqrt{5}-\sqrt{2})(\sqrt{2}+\sqrt{5})$　を計算せよ。＜青森県＞

(8)　連立方程式　$\begin{cases} 5x+2y=4 \\ 3x-y=9 \end{cases}$　を解け。＜岐阜県＞

(9)　2次方程式　$4x^2-x-2=0$　を解け。＜神奈川県＞

(10)　$A=4x-1$，$B=-2x+3$ のとき，$-4A+3B+2A$ の値を求めよ。＜滋賀県＞

問題１９ 次の各問に答えよ。

(1) $3+(-6)-(-8)$ を計算せよ。＜高知県＞

(2) $-9+8÷4$ を計算せよ。＜熊本県＞

(3) $\dfrac{15}{2}x^3y^2 ÷ \dfrac{5}{8}xy^2$ を計算せよ。＜石川県＞

(4) $6(\dfrac{2}{3}a - \dfrac{3}{2}b)-(a-3b)$ を計算せよ。＜千葉県＞

(5) $(a-3)(a+3)+(a+4)(a+6)$ を計算せよ。＜愛媛県＞

(6) $\dfrac{18}{\sqrt{2}} - \sqrt{32}$ を計算せよ。＜神奈川県＞

(7) $(\sqrt{3} + 2\sqrt{7})(2\sqrt{3} - \sqrt{7})$ を計算せよ。＜三重県＞

(8) 連立方程式 $\begin{cases} 7x-3y=11 \\ 3x-2y=-1 \end{cases}$ を解け。＜京都府＞

(9) ２次方程式 $2x^2-5x-1=0$ を解け。＜石川県＞

(10) $3\sqrt{2}$ ，$2\sqrt{3}$ ，4 について，最も大きい数と最も小さい数を選べ。＜鹿児島県＞

問題２０　次の各問に答えよ。

(1)　$(-21) \div 7$　を計算せよ。＜福島県＞

(2)　$6 + 3 \times (-5)$　を計算せよ。＜福岡県＞

(3)　$20xy^2 \div (-4xy)$　を計算せよ。＜兵庫県＞

(4)　$5(a-2b) - 2(2a-3b)$　を計算せよ。＜福島県＞

(5)　$(x+1)(x-5) + (x+2)^2$　を計算せよ。＜熊本県＞

(6)　$\sqrt{18} - \dfrac{4}{\sqrt{2}}$　を計算せよ。＜富山県＞

(7)　$(\sqrt{5} - \sqrt{3})(\sqrt{20} + \sqrt{12})$　を計算せよ。＜愛知県＞

(8)　連立方程式　$\begin{cases} 7x + y = 19 \\ 5x + y = 11 \end{cases}$　を解け。＜大阪府＞

(9)　２次方程式　$3x^2 + 3x - 1 = 0$　を解け。＜山梨県＞

(10)　-3 と $-2\sqrt{2}$ の大小を，不等号を使って表せ。＜福島県＞

問題２１ 次の各問に答えよ。

(1) $\dfrac{7}{6} \times (-12)$ を計算せよ。＜福島県＞

(2) $3 - 24 \div (-4)$ を計算せよ。＜広島県＞

(3) $4ab^2 \div \dfrac{3}{2}b$ を計算せよ。＜岡山県＞

(4) $3(5x + 2y) - 4(3x - y)$ を計算せよ。＜沖縄県＞

(5) $(2x - 3)^2 - 4x(x - 1)$ を計算せよ。＜熊本県＞

(6) $7\sqrt{3} - \dfrac{9}{\sqrt{3}}$ を計算せよ。＜山梨県＞

(7) $(\sqrt{8} + 1)(\sqrt{2} - 1)$ を計算せよ。＜香川県＞

(8) 連立方程式 $\begin{cases} x + y = 13 \\ 3x - 2y = 9 \end{cases}$ を解け。＜鳥取県＞

(9) ２次方程式 $2x^2 + 9x + 8 = 0$ を解け。＜山梨県＞

(10) 2.7, $-\dfrac{7}{3}$, -3, $\sqrt{6}$ の中で, 絶対値が最も大きい数を選べ。＜青森県＞

52

問題２２　次の各問に答えよ。

(1)　$(-0.4) \times \dfrac{3}{10}$　を計算せよ。＜青森県＞

(2)　$8 - 6 \div (-2)$　を計算せよ。＜鳥取県＞

(3)　$\dfrac{15}{8} x^2 y \div \left(-\dfrac{5}{6} x\right)$　を計算せよ。＜愛媛県＞

(4)　$2(x+3y) - (x-2y)$　を計算せよ。＜長崎県＞

(5)　$(x+y)^2 - x(x+2y)$　を計算せよ。＜鹿児島県＞

(6)　$\sqrt{24} - \dfrac{2\sqrt{3}}{\sqrt{2}}$　を計算せよ。＜大分県＞

(7)　$(\sqrt{6} + \sqrt{2})(\sqrt{6} - \sqrt{2})$　を計算せよ。＜鹿児島県＞

(8)　連立方程式　$\begin{cases} x - 3y = 5 \\ 3x + 5y = 1 \end{cases}$　を解け。＜島根県＞

(9)　2 次方程式　$2x^2 + 5x - 2 = 0$　を解け。＜三重県＞

(10)　$2023 = 7 \times 17 \times 17$ である。2023 を割り切ることができる自然数の中で，2023 の次に大きな自然数を求めよ。＜長崎県＞

問題２３　次の各問に答えよ。

(1)　$-\dfrac{3}{4} \times \dfrac{2}{15}$　を計算せよ。＜宮崎県＞

(2)　$\dfrac{10}{3} + 2 \div \left(-\dfrac{3}{4}\right)$　を計算せよ。＜和歌山県＞

(3)　$8a^2b^3 \div (-2ab)^2$　を計算せよ。＜新潟県＞

(4)　$2(5a+4b)-(a-6b)$　を計算せよ。＜福岡県＞

(5)　$(x+2)(x-5)-2(x-1)$　を計算せよ。＜奈良県＞

(6)　$\sqrt{54} + \dfrac{12}{\sqrt{6}}$　を計算せよ。＜宮城県＞

(7)　$(\sqrt{6}-1)(2\sqrt{6}+9)$　を計算せよ。＜東京都＞

(8)　連立方程式　$\begin{cases} 3x-y=17 \\ 2x-3y=30 \end{cases}$　を解け。＜宮城県＞

(9)　2次方程式　$2x^2-3x-1=0$　を解け。＜大阪府＞

(10)　2けたの自然数のうち，3の倍数は全部で何個あるか。

＜鹿児島県＞

54

| 月　　日　　得点　　　問／10問中 | 月　　日　　得点　　　問／10問中 |

問題24　次の各問に答えよ。

(1)　$-\dfrac{2}{3} \div \dfrac{8}{9}$　を計算せよ。＜鳥取県＞

(2)　$12-6 \div (-3)$　を計算せよ。＜滋賀県＞

(3)　$6a^2b^3 \div \dfrac{3}{5}ab^2$　を計算せよ。＜石川県＞

(4)　$(-3a-5)-(5-3a)$　を計算せよ。＜岡山県＞

(5)　$(x-2)(x-5)-(x-3)^2$　を計算せよ。＜神奈川県＞

(6)　$\dfrac{9}{\sqrt{3}} - \sqrt{12}$　を計算せよ。＜茨城県＞

(7)　$(\sqrt{5} - \sqrt{2})(\sqrt{20} + \sqrt{8})$　を計算せよ。＜愛知県＞

(8)　連立方程式　$\begin{cases} 2x+y=5 \\ x-4y=7 \end{cases}$　を解け。＜秋田県＞

(9)　2次方程式　$2x^2-5x+1=0$　を解け。＜鳥取県＞

(10)　2つの整数148, 245を自然数 n で割ったとき，余りがそれぞれ4, 5となる自然数 n は全部で何個あるか。＜秋田県＞

問題２５　次の各問に答えよ。

(1)　$27 \times \left(-\dfrac{5}{9} \right)$　を計算せよ。＜大阪府＞

(2)　$8 + (-3) \times 2$　を計算せよ。＜愛知県＞

(3)　$a^3 \times ab^2 \div a^3b$　を計算せよ。＜秋田県＞

(4)　$3(3a+b) - 2(4a-3b)$　を計算せよ。＜富山県＞

(5)　$(x+1)(x-1) - (x+3)(x-8)$　を計算せよ。＜大阪府＞

(6)　$\dfrac{8}{\sqrt{2}} - 3\sqrt{2}$　を計算せよ。＜埼玉県＞

(7)　$(\sqrt{6} + \sqrt{2})(\sqrt{6} - \sqrt{2})$　を計算せよ。＜岩手県＞

(8)　連立方程式　$\begin{cases} 3x+5y=2 \\ -2x+9y=11 \end{cases}$　を解け。＜埼玉県＞

(9)　2次方程式　$3x^2 - 36 = 0$　を解け。＜徳島県＞

(10)　x についての方程式　$3x + 2a = 5 - ax$　の解が $x=2$ であるとき，a の値を求めよ。＜大分県＞

| 月　日　　得点　　問／10 問中 | 月　日　　得点　　問／10 問中 |

問題２６　次の各問に答えよ。

(1)　$(-12) \div \dfrac{4}{3}$　を計算せよ。＜沖縄県＞

(2)　$6+8 \times (-3)$　を計算せよ。＜静岡県＞

(3)　$12x^2y \div 3x \times 2y$　を計算せよ。＜埼玉県＞

(4)　$2(3a-2b)-2(4a-3b)$　を計算せよ。＜新潟県＞

(5)　$(x+2)(x+8)-(x+4)(x-4)$　を計算せよ。＜奈良県＞

(6)　$\dfrac{9}{\sqrt{3}} - \sqrt{48}$　を計算せよ。＜富山県＞

(7)　$(2\sqrt{5} + \sqrt{3})(2\sqrt{5} - \sqrt{3})$　を計算せよ。＜大阪府＞

(8)　連立方程式　$\begin{cases} 2x+3y=1 \\ 8x+9y=7 \end{cases}$　を解け。＜東京都＞

(9)　2 次方程式　$5x^2+4x-1=0$　を解け。＜愛媛県＞

(10)　連立方程式　$\begin{cases} ax+by= -11 \\ bx-ay= -8 \end{cases}$　の解が $x=-6$, $y=1$ であるとき，a, b の値を求めよ。＜茨城県＞

問題２７　次の各問に答えよ。

(1)　$14 \div \left(-\dfrac{7}{2}\right)$　を計算せよ。＜山梨県＞

(2)　$6 - 4 \times (-2)$　を計算せよ。＜岐阜県＞

(3)　$12xy \div 6y \times (-3x)$　を計算せよ。＜福井県＞

(4)　$2(x+3y) - (5x-4y)$　を計算せよ。＜茨城県＞

(5)　$(a+3)^2 - (a+4)(a-4)$　を計算せよ。＜和歌山県＞

(6)　$\sqrt{45} + \dfrac{10}{\sqrt{5}}$　を計算せよ。＜静岡県＞

(7)　$(\sqrt{3}+2)(\sqrt{3}-5)$　を計算せよ。＜岡山県＞

(8)　連立方程式　$\begin{cases} x+3y=21 \\ 2x-y=7 \end{cases}$　を解け。＜新潟県＞

(9)　２次方程式　$2x^2+7x+1=0$　を解け。＜熊本県＞

(10)　連立方程式　$\begin{cases} -ax+3y=2 \\ 2bx+ay=-1 \end{cases}$　の解が $x=1$，$y=-1$ であるとき，a，b の値を求めよ。＜千葉県＞

問題２８　次の各問に答えよ。

(1)　$-\dfrac{3}{4}+\dfrac{5}{6}$　を計算せよ。＜福島県＞

(2)　$7-3\times(-5)$　を計算せよ。＜福井県＞

(3)　$12x^2y\div4x^2\times3xy$　を計算せよ。＜奈良県＞

(4)　$\dfrac{x-y}{4}+\dfrac{x+2y}{3}$　を計算せよ。＜大分県＞

(5)　$(3x+1)(x-4)-(x-3)^2$　を計算せよ。＜愛媛県＞

(6)　$\dfrac{5}{\sqrt{5}}+\sqrt{20}$　を計算せよ。＜三重県＞

(7)　$(\sqrt{6}-1)(\sqrt{6}+5)$　を計算せよ。＜山口県＞

(8)　連立方程式　$\begin{cases}2x+5y=-2\\3x-2y=16\end{cases}$　を解け。＜富山県＞

(9)　２次方程式　$x^2+7x=2x+24$　を解け。＜静岡県＞

(10)　x についての２次方程式　$x^2+3ax+a^2-7=0$　がある。
$a=-1$ のとき，この２次方程式を解け。＜茨城県＞

問題２９　次の各問に答えよ。

(1)　$-15 \div \left(-\dfrac{5}{3}\right)$　を計算せよ。＜宮城県＞

(2)　2×4^2　を計算せよ。＜大阪府＞

(3)　$3ab^2 \times (-4a^2) \div 6b$　を計算せよ。＜鳥取県＞

(4)　$\dfrac{x+3y}{4} + \dfrac{7x-5y}{8}$　を計算せよ。＜熊本県＞

(5)　x^2-6x+9　を因数分解せよ。＜茨城県＞

(6)　$\dfrac{9}{\sqrt{3}} - \sqrt{12}$　を計算せよ。＜滋賀県＞

(7)　$\sqrt{8} - \sqrt{3}\,(\sqrt{6} - \sqrt{27}\,)$　を計算せよ。＜香川県＞

(8)　連立方程式　$\begin{cases} x-y=5 \\ 2x+3y=-5 \end{cases}$　を解け。＜福井県＞

(9)　2次方程式　$(x-7)(x+2)=-9x-13$　を解け。＜山形県＞

(10)　xについての2次方程式　$-x^2+ax+21=0$　の解の1つが3のとき，aの値を求めよ。＜香川県＞

60

| 月 | 日 | 得点 | 問／10 問中 |

| 月 | 日 | 得点 | 問／10 問中 |

問題３０　次の各問に答えよ。

(1)　$10 \div \left(-\dfrac{5}{4}\right)$　を計算せよ。＜沖縄県＞

(2)　$6 - (-3)^2 \times 2$　を計算せよ。＜大分県＞

(3)　$30xy^2 \div 5x \div 3y$　を計算せよ。＜埼玉県＞

(4)　$\dfrac{2x-5y}{3} + \dfrac{x+3y}{2}$　を計算せよ。＜愛媛県＞

(5)　$x^2 - 12x + 36$　を因数分解せよ。＜和歌山県＞

(6)　$\dfrac{9}{\sqrt{3}} - \sqrt{75}$　を計算せよ。＜和歌山県＞

(7)　$(2\sqrt{3} - 1)^2$　を計算せよ。＜千葉県＞

(8)　連立方程式　$\begin{cases} 4x+3y=-7 \\ 3x+4y=-14 \end{cases}$　を解け。＜京都府＞

(9)　2 次方程式　$(x-3)^2 = -x + 15$　を解け。＜愛知県＞

(10)　2 次方程式　$x^2 + ax - 8 = 0$　の 1 つの解が $x=1$ であるとき，a の値と他の解を求めよ。＜岐阜県＞

61

問題３１　次の各問に答えよ。

(1)　$\dfrac{3}{8} \div (-\dfrac{1}{6})$　を計算せよ。＜宮崎県＞

(2)　$3+2\times(-3)^2$　を計算せよ。＜長崎県＞

(3)　$12ab^2 \times 6a \div (-3b)$　を計算せよ。＜神奈川県＞

(4)　$\dfrac{x+6y}{3} + \dfrac{3x-4y}{2}$　を計算せよ。＜茨城県＞

(5)　x^2-5x-6　を因数分解せよ。＜佐賀県＞

(6)　$\sqrt{50} - \dfrac{6}{\sqrt{2}}$　を計算せよ。＜広島県＞

(7)　$(2+\sqrt{6})^2$　を計算せよ。＜東京都＞

(8)　連立方程式　$\begin{cases} x-3y=10 \\ 5x+3y=14 \end{cases}$　を解け。＜大阪府＞

(9)　2 次方程式　$(3x+1)(x-2)=x-1$　を解け。＜山形県＞

(10)　$84n$ の値が，ある自然数の 2 乗となるような自然数 n のうち，最も小さいものを求めなさい。＜長野県＞

62

問題３２　次の各問に答えよ。

(1)　$\dfrac{2}{5} \div \left(-\dfrac{1}{10} \right)$　を計算せよ。＜山口県＞

(2)　$6 \times \dfrac{5}{3} - 5^2$　を計算せよ。＜香川県＞

(3)　$3x^2y \times 4y^2 \div 6xy$　を計算せよ。＜富山県＞

(4)　$\dfrac{x+5y}{8} + \dfrac{x-y}{2}$　を計算せよ。＜大分県＞

(5)　$x^2 + 5x - 6$　を因数分解せよ。＜沖縄県＞

(6)　$\dfrac{18}{\sqrt{3}} - \sqrt{27}$　を計算せよ。＜福岡県＞

(7)　$(\sqrt{2} + \sqrt{5})^2$　を計算せよ。＜京都府＞

(8)　連立方程式　$\begin{cases} x+4y=5 \\ 4x+7y=-16 \end{cases}$　を解け。＜奈良県＞

(9)　2次方程式　$(x+3)(x-7)+21=0$　を解け。＜茨城県＞

(10)　n は 100 より小さい素数である。$\dfrac{231}{n+2}$ が整数となる n の値をすべて求めよ。＜秋田県＞

問題３３　次の各問に答えよ。

(1)　$\dfrac{5}{2}+\left(-\dfrac{7}{3}\right)$　を計算せよ。＜山口県＞

(2)　$15+(-4)^2 \div(-2)$　を計算せよ。＜奈良県＞

(3)　$4ac \times 6ab \div 3bc$　を計算せよ。＜福井県＞

(4)　$\dfrac{x+2y}{2}+\dfrac{4x-y}{6}$　を計算せよ。＜香川県＞

(5)　$x^2-11x+30$　を因数分解せよ。＜埼玉県＞

(6)　$\sqrt{20}+\dfrac{10}{\sqrt{5}}$　を計算せよ。＜島根県＞

(7)　$(1+\sqrt{3})^2$　を計算せよ。＜岡山県＞

(8)　連立方程式　$\begin{cases}3x+y=8\\x-2y=5\end{cases}$　を解け。＜鹿児島県＞

(9)　２次方程式　$5(2-x)=(x-4)(x+2)$　を解け。＜愛知県＞

(10)　$\dfrac{252}{n}$ の値が，ある自然数の２乗となるような，最も小さい自然数 n の値を求めよ。＜茨城県＞

64

| 月　　日　　得点　　　問／10問中 | 月　　日　　得点　　　問／10問中 |

問題３４　次の各問に答えよ。

(1)　$-\dfrac{3}{7}+\dfrac{1}{2}$　を計算せよ。＜神奈川県＞

(2)　$2\times(-3)-4^2$　を計算せよ。＜大阪府＞

(3)　$9x^2y\times4x\div(-8xy)$　を計算せよ。＜山梨県＞

(4)　$\dfrac{a+2b}{2}-\dfrac{b}{3}$　を計算せよ。＜福井県＞

(5)　x^2-3x+2　を因数分解せよ。＜鳥取県＞

(6)　$\sqrt{45}-\sqrt{5}+\dfrac{10}{\sqrt{5}}$　を計算せよ。＜新潟県＞

(7)　$(\sqrt{3}+\sqrt{2})^2$　を計算せよ。＜宮崎県＞

(8)　連立方程式　$\begin{cases}2x+y=5 \\ x-2y=5\end{cases}$　を解け。＜沖縄県＞

(9)　2次方程式　$(2x+1)^2-3x(x+3)=0$　を解け。＜愛知県＞

(10)　$\dfrac{3780}{n}$ が自然数の平方となるような，最も小さい自然数 n の値を求めよ。＜神奈川県＞

問題３５　次の各問に答えよ。

(1) $-\dfrac{3}{8}+\dfrac{2}{3}$　を計算せよ。＜神奈川県＞

(2) $-6^2+4\div\left(-\dfrac{2}{3}\right)$　を計算せよ。＜京都府＞

(3) $2a\times9ab\div6a^2$　を計算せよ。＜大阪府＞

(4) $\dfrac{8a+9}{4}-\dfrac{6a+4}{3}$　を計算せよ。＜京都府＞

(5) a^2-a-6　を因数分解せよ。＜福井県＞

(6) $5\sqrt{6}-\sqrt{24}+\dfrac{18}{\sqrt{6}}$　を計算せよ。＜鳥取県＞

(7) $(\sqrt{5}-\sqrt{3}\,)^2$　を計算せよ。＜岐阜県＞

(8) 連立方程式　$\begin{cases}x+y=9\\0.5x-\dfrac{1}{4}y=3\end{cases}$　を解け。＜秋田県＞

(9) ２次方程式　$(x-2)(x+2)=x+8$　を解け。＜福岡県＞

(10) n を自然数とするとき，$5-\dfrac{78}{n}$ の値が自然数となるような最も小さい n の値を求めよ。＜大阪府＞

66

問題３６　次の各問に答えよ。

(1)　$1-(2-5)$　を計算せよ。＜山形県＞

(2)　$-2^2+(-5)^2$　を計算せよ。＜山梨県＞

(3)　$3xy\times2x^3y^2\div(-x^3y)$　を計算せよ。＜鳥取県＞

(4)　$\dfrac{x+2y}{5}-\dfrac{x+3y}{4}$　を計算せよ。＜石川県＞

(5)　x^2-9y^2　を因数分解せよ。＜佐賀県＞

(6)　$\dfrac{\sqrt{2}}{2}-\dfrac{1}{3\sqrt{2}}$　を計算せよ。＜秋田県＞

(7)　$(\sqrt{5}+1)^2$　を計算せよ。＜佐賀県＞

(8)　連立方程式　$\begin{cases}0.2x+0.8y=1\\ \dfrac{1}{2}x+\dfrac{7}{8}y=-2\end{cases}$　を解け。＜神奈川県＞

(9)　2次方程式　$2x(x-1)-3=x^2$　を解け。＜長野県＞

(10)　$x=\sqrt{5}+3$，$y=\sqrt{5}-3$ のとき，xy^2-x^2y の値を求めよ。

＜京都府＞

問題３７ 次の各問に答えよ。

(1) $\dfrac{3}{5} \times (\dfrac{1}{2} - \dfrac{2}{3})$ を計算せよ。＜山形県＞

(2) $(-3)^2 \times 2 - 8$ を計算せよ。＜石川県＞

(3) $24ab^2 \div (-6a) \div (-2b)$ を計算せよ。＜青森県＞

(4) $\dfrac{3x+y}{2} - \dfrac{x+y}{3}$ を計算せよ。＜高知県＞

(5) $x^2 - 16y^2$ を因数分解せよ。＜群馬県＞

(6) $\dfrac{3}{\sqrt{2}} - \dfrac{2}{\sqrt{8}}$ を計算せよ。＜愛知県＞

(7) $(\sqrt{2} - \sqrt{3})^2 + \sqrt{6}$ を計算せよ。＜滋賀県＞

(8) 連立方程式 $3x - 2y = -x + 4y = 5$ を解け。＜北海道＞

(9) ２次方程式 $(x-5)(x+4) = 3x - 8$ を解け。＜福岡県＞

(10) $x = \sqrt{6} + \sqrt{3}$, $y = \sqrt{6} - \sqrt{3}$ のとき, $x^2y + xy^2$ の値を求めよ。

＜神奈川県＞

月　　日	得点	問／10問中		月　　日	得点	問／10問中

問題３８　次の各問に答えよ。

(1)　$(\frac{1}{2} - \frac{1}{5}) \times \frac{1}{3}$　を計算せよ。＜鹿児島県＞

(2)　$-8 + 6^2 \div 9$　を計算せよ。＜東京都＞

(3)　$6a^3b \times \frac{b}{3} \div 2a$　を計算せよ。＜茨城県＞

(4)　$\frac{2x+y}{3} - \frac{x+5y}{7}$　を計算せよ。＜静岡県＞

(5)　$4x^2 - 9y^2$　を因数分解せよ。＜愛媛県＞

(6)　$\sqrt{\frac{3}{2}} - \frac{\sqrt{54}}{2}$　を計算せよ。＜青森県＞

(7)　$(2 - \sqrt{6})^2 + \sqrt{24}$　を計算せよ。＜山形県＞

(8)　２次方程式　$(x-2)^2 = 25$　を解け。＜富山県＞

(9)　$a = \frac{2}{7}$ のとき，$(a-5)(a-6) - a(a+3)$ の値を求めよ。

＜静岡県＞

(10)　$4 < \sqrt{n} < 5$ を満たす自然数 n の個数を求めよ。＜石川県＞

問題３９　次の各問に答えよ。

(1)　$63 \div 9 - 2$　を計算せよ。＜鹿児島県＞

(2)　$(-2)^2 \times 3 + (-15) \div (-3)$　を計算せよ。＜青森県＞

(3)　$(-6a)^2 \times 9b \div 12ab$　を計算せよ。＜静岡県＞

(4)　$\dfrac{4a-2b}{3} - \dfrac{3a+b}{4}$　を計算せよ。＜石川県＞

(5)　$9x^2 - 12x + 4$　を因数分解せよ。＜兵庫県＞

(6)　$\sqrt{3} \times \sqrt{6} - \sqrt{2}$　を計算せよ。＜宮城県＞

(7)　$\dfrac{\sqrt{10}}{\sqrt{2}} - (\sqrt{5} - 2)^2$　を計算せよ。＜愛媛県＞

(8)　２次方程式　$(x-2)^2 = 16$　を解け。＜静岡県＞

(9)　$a = -3$ のとき，$a^2 + 4a$ の値を求めよ。＜鳥取県＞

(10)　$\sqrt{5} < n < \sqrt{11}$ となるような自然数 n の値を求めよ。

＜沖縄県＞

70

問題４０　次の各問に答えよ。

(1)　$5 \times (-4) + 7$　を計算せよ。＜大阪府＞

(2)　$(-3)^2 \div \dfrac{1}{6}$　を計算せよ。＜北海道＞

(3)　$4x^2 \div 6xy \times (-9y)$　を計算せよ。＜大分県＞

(4)　$\dfrac{2}{3}a - \dfrac{a-b}{2}$　を計算せよ。＜福井県＞

(5)　$ax^2 - 9a$　を因数分解せよ。＜鳥取県＞

(6)　$\sqrt{6} \times \sqrt{3} - \sqrt{8}$　を計算せよ。＜茨城県＞

(7)　$(\sqrt{3}+1)^2 - \dfrac{6}{\sqrt{3}}$　を計算せよ。＜長崎県＞

(8)　2 次方程式　$(x-2)^2 = 5$　を解け。＜香川県＞

(9)　$a=7$，$b=-3$ のとき，$a^2 + 2ab$ の値を求めよ。＜北海道＞

(10)　$\sqrt{6a}$ が 5 より大きく 7 より小さくなるような自然数 a の値をすべて求めよ。＜大分県＞

問題4 1　次の各問に答えよ。

(1)　$2 \times (-3) + 3$　を計算せよ。＜岐阜県＞

(2)　$40 - 7^2$　を計算せよ。＜大阪府＞

(3)　$12ab \div 6a^2 \times 2b$　を計算せよ。＜秋田県＞

(4)　$\dfrac{3x-2}{6} - \dfrac{2x-3}{9}$　を計算せよ。＜愛知県＞

(5)　$ax^2 - 16a$　を因数分解せよ。＜岡山県＞

(6)　$(\sqrt{18} - \sqrt{14}) \div \sqrt{2}$　を計算せよ。＜福岡県＞

(7)　$(\sqrt{6} - \sqrt{2})^2 + \sqrt{27}$　を計算せよ。＜大阪府＞

(8)　2次方程式　$(x-2)^2 - 4 = 0$　を解け。＜山口県＞

(9)　$x = 23$，$y = 18$ のとき，$x^2 - 2xy + y^2$ の値を求めよ。＜山形県＞

(10)　$a < \sqrt{30}$ を満たす自然数 a のうち，最も大きい値を求めよ。

＜徳島県＞

問題４２　次の各問に答えよ。

(1)　$6 \div (-2) - 4$　を計算せよ。＜千葉県＞

(2)　$6 + (-2)^2$　を計算せよ。＜宮城県＞

(3)　$4ab^2 \div 6a^2b \times 3ab$　を計算せよ。＜京都府＞

(4)　$\dfrac{3x-5y}{2} - \dfrac{2x-y}{4}$　を計算せよ。＜長野県＞

(5)　$x^2y - 4y$　を因数分解せよ。＜広島県＞

(6)　$\sqrt{2} \times \sqrt{6} + \sqrt{27}$　を計算せよ。＜福井県＞

(7)　$(\sqrt{6} - 2)(\sqrt{3} + \sqrt{2}) + \dfrac{6}{\sqrt{2}}$　を計算せよ。＜熊本県＞

(8)　２次方程式　$9x^2 = 5x$　を解け。＜宮崎県＞

(9)　$a = 41$，$b = 8$ のとき，$a^2 - 25b^2$ の値を求めよ。＜静岡県＞

(10)　$\sqrt{15}$ の小数部分を a とするとき，$a^2 + 6a$ の値を求めよ。
＜奈良県＞

問題43 次の各問に答えよ。

(1) $4 \times (-7) + 20$ を計算せよ。＜埼玉県＞

(2) $1 - 6^2 \div \dfrac{9}{2}$ を計算せよ。＜東京都＞

(3) $14ab \div 7a^2 \times ab$ を計算せよ。＜大阪府＞

(4) $\dfrac{3x+2y}{7} - \dfrac{2x-y}{5}$ を計算せよ。＜神奈川県＞

(5) $3x^2 - 12$ を因数分解せよ。＜香川県＞

(6) $\sqrt{50} + \sqrt{8} - \sqrt{18}$ を計算せよ。＜宮崎県＞

(7) $(\sqrt{7} - 2)(\sqrt{7} + 3) - \sqrt{28}$ を計算せよ。＜山形県＞

(8) 2次方程式 $x^2 = 4x$ を解け。＜長野県＞

(9) $x = 11$, $y = 54$ のとき，$25x^2 - y^2$ の値を求めよ。＜秋田県＞

(10) $\sqrt{56n}$ が自然数となるような，最も小さい自然数 n を求めよ。＜新潟県＞

問題44　次の各問に答えよ。

(1)　$\dfrac{4}{5} \div (-4) + \dfrac{8}{5}$　を計算せよ。＜山梨県＞

(2)　$7 + 3 \times (-2^2)$　を計算せよ。＜大分県＞

(3)　$8a^2b \div (-2a^3b^2) \times (-3a)$　を計算せよ。＜高知県＞

(4)　$\dfrac{7a+b}{5} - \dfrac{4a-b}{3}$　を計算せよ。＜東京都＞

(5)　$5x^2 - 5y^2$　を因数分解せよ。＜千葉県＞

(6)　$\sqrt{14} \times \sqrt{2} + \sqrt{7}$　を計算せよ。＜新潟県＞

(7)　$(\sqrt{6} - 2)(\sqrt{6} + 3) + \dfrac{4\sqrt{3}}{\sqrt{2}}$　を計算せよ。＜愛媛県＞

(8)　2 次方程式　$x^2 + 5x + 3 = 0$　を解け。＜群馬県＞

(9)　$a = 11$，$b = 43$ のとき，$16a^2 - b^2$ の値を求めよ。＜静岡県＞

(10)　$\sqrt{60n}$ が自然数となる自然数 n のうちで，最も小さい値を求めよ。＜石川県＞

問題４５　次の各問に答えよ。

(1)　$-\dfrac{3}{4} \div \dfrac{6}{5} + \dfrac{1}{2}$　を計算せよ。＜山形県＞

(2)　$5-3\times(-2)^2$　を計算せよ。＜長崎県＞

(3)　$6ab \div (-9a^2b^2) \times 3a^2b$　を計算せよ。＜熊本県＞

(4)　$\dfrac{5x-y}{3} - \dfrac{x-y}{2}$　を計算せよ。＜高知県＞

(5)　$8a^2b-18b$　を因数分解せよ。＜高知県＞

(6)　$\sqrt{2} \times \sqrt{6} + \sqrt{27}$　を計算せよ。＜奈良県＞

(7)　$(\sqrt{5}+\sqrt{3})^2-9\sqrt{15}$　を計算せよ。＜静岡県＞

(8)　2次方程式　$x^2+2x-1=0$　を解け。＜長野県＞

(9)　$a=\sqrt{3}-1$のとき，a^2+2a の値を求めよ。＜秋田県＞

(10)　$\sqrt{10-n}$ が正の整数となるような正の整数 n の値をすべて求めよ。＜栃木県＞

問題４６　次の各問に答えよ。

(1)　$(-8)\times(-2)-(-4)$　を計算せよ。＜岡山県＞

(2)　$(-6)^2-3^2$　を計算せよ。＜山梨県＞

(3)　$15a^2b\div 3ab^3\times b^2$　を計算せよ。＜茨城県＞

(4)　$\dfrac{3x+y}{2}-\dfrac{2x-5y}{3}$　を計算せよ。＜鳥取県＞

(5)　$3x^2-6x-45$　を因数分解せよ。＜青森県＞

(6)　$\sqrt{6}\times\sqrt{2}-\sqrt{3}$　を計算せよ。＜富山県＞

(7)　$(\sqrt{3}+\sqrt{2})(2\sqrt{3}+\sqrt{2})+\dfrac{6}{\sqrt{6}}$　を計算せよ。＜愛媛県＞

(8)　2 次方程式　$x^2-5x+4=0$　を解け。＜三重県＞

(9)　$a=2+\sqrt{5}$ のとき，a^2-4a+4 の値を求めよ。＜群馬県＞

(10)　$\dfrac{\sqrt{40n}}{3}$ の値が整数となる自然数 n のうち，もっとも小さいものを求めよ。＜三重県＞

問題４７　次の各問に答えよ。

(1)　$-3+(-2)\times(-5)$　を計算せよ。＜福井県＞

(2)　$-3^2-6\times5$　を計算せよ。＜京都府＞

(3)　$5x^2\div(-4xy)^2\times32xy^2$　を計算せよ。＜愛知県＞

(4)　$\dfrac{2x-3}{6}-\dfrac{3x-2}{9}$　を計算せよ。＜岐阜県＞

(5)　$(x+1)(x-3)+4$　を因数分解せよ。＜香川県＞

(6)　$\sqrt{10}\times\sqrt{2}+\sqrt{5}$　を計算せよ。＜山梨県＞

(7)　$\sqrt{50^2-1}$　を計算せよ。＜福井県＞

(8)　2 次方程式　$x^2-2x-35=0$　を解け。＜大阪府＞

(9)　$x=\sqrt{2}+3$ のとき，x^2-6x+9 の値を求めよ。＜奈良県＞

(10)　$\sqrt{\dfrac{20}{n}}$ が自然数となるような自然数 n の値をすべて求めよ。

＜和歌山県＞

月	日	得点	問／10 問中

月	日	得点	問／10 問中

問題４８　次の各問に答えよ。

(1)　$6 \div (-2) - (-7)$　を計算せよ。＜愛知県＞

(2)　$18 - (-4)^2 \div 8$　を計算せよ。＜大阪府＞

(3)　$8a^3b \div (-6ab)^2 \times 9b$　を計算せよ。＜熊本県＞

(4)　$\dfrac{4x+y}{5} - \dfrac{x-y}{2}$　を計算せよ。＜静岡県＞

(5)　$(x-5)(x+3) - 2x + 10$　を因数分解せよ。＜神奈川県＞

(6)　$\sqrt{6} \times 2\sqrt{3} - 5\sqrt{2}$　を計算せよ。＜新潟県＞

(7)　$(2+\sqrt{7})(2-\sqrt{7}) + 6(\sqrt{7}+2)$　を計算せよ。＜神奈川県＞

(8)　２次方程式　$x^2 - 11x + 18 = 0$　を解け。＜大阪府＞

(9)　$x = \sqrt{7} + 4$ のとき，$x^2 - 8x + 12$ の値を求めよ。＜大分県＞

(10)　$\sqrt{\dfrac{540}{n}}$ が整数となるような自然数 n は何通りあるか。

＜埼玉県＞

79

問題４９　次の各問に答えよ。

(1)　$5 \times (-3) - (-2)$　を計算せよ。＜埼玉県＞

(2)　$9 \div (-3) - 4^2$　を計算せよ。＜石川県＞

(3)　$-ab^2 \div \dfrac{2}{3}a^2b \times (-4b)$　を計算せよ。＜高知県＞

(4)　$\dfrac{3a+b}{4} - \dfrac{a-7b}{8}$　を計算せよ。＜東京都＞

(5)　$(x+5)(x-2) - 3(x-3)$　を因数分解せよ。＜愛知県＞

(6)　$\sqrt{8} - 3\sqrt{6} \times \sqrt{3}$　を計算せよ。＜山梨県＞

(7)　$(\sqrt{6}+5)^2 - 5(\sqrt{6}+5)$　を計算せよ。＜神奈川県＞

(8)　2 次方程式　$x^2 - 14x + 49 = 0$　を解け。＜徳島県＞

(9)　$x = \sqrt{3}+2$，$y = \sqrt{3}-2$ のとき，$5x^2 - 5y^2$ の値を求めよ。

＜千葉県＞

(10)　$4 < \sqrt{n} < 5$ を満たし，$\sqrt{6n}$ の値が自然数であるような n の値を求めよ。＜大阪府＞

| 月 | 日 | 得点 | 問／10問中 |

| 月 | 日 | 得点 | 問／10問中 |

問題50　次の各問に答えよ。

(1)　$-3 \times (5-8)$　を計算せよ。＜秋田県＞

(2)　$(-5)^2 - 9 \div 3$　を計算せよ。＜北海道＞

(3)　$6x^2 \div (-3xy)^2 \times 27xy^2$　を計算せよ。＜愛知県＞

(4)　$\dfrac{3x-y}{4} - \dfrac{x-2y}{6}$　を計算せよ。＜神奈川県＞

(5)　$(x-3)^2 + 2(x-3) - 15$　を因数分解せよ。＜長野県＞

(6)　$\sqrt{48} - 3\sqrt{2} \times \sqrt{24}$　を計算せよ。＜京都府＞

(7)　$(\sqrt{5} + \sqrt{2})^2 - (\sqrt{5} - \sqrt{2})^2$　を計算せよ。＜愛知県＞

(8)　2次方程式　$x^2 - 6x - 16 = 0$　を解け。＜大分県＞

(9)　$\sqrt{6}$ の小数部分を a とするとき，$a(a+2)$ の値を求めよ。

＜長野県＞

(10)　$\dfrac{9}{11}$ の小数第20位を求めよ。＜鹿児島県＞

第3章
小問集合発展演習

問題1　次の各問に答えよ。

(1)　次の計算をせよ。

①　$6-13-(-24)+(-6)-21$　＜東福岡＞

②　$\sqrt{24}+\dfrac{8\sqrt{3}}{\sqrt{2}}-\sqrt{54}$　＜京都共栄＞

③　$4\left(\dfrac{x}{6}-\dfrac{y}{12}\right)-3\left(\dfrac{x}{12}-\dfrac{y}{9}\right)$　＜大阪信愛学院＞

④　$(2xy)^2\div(-26x^3y^5)\times(-13x^2y^3)$　＜関西大倉＞

(2)　次を因数分解せよ。

　$4xy-2x+6y-3$　＜かえつ有明＞

(3)　次の式の値を求めよ。

　$x=\sqrt{6}+1$ のとき，$(x-2)(x-5)-2(5-3x)$　＜共立二＞

(4)　1次方程式 $3-\dfrac{3x+1}{5}=\dfrac{1}{3}x$ を解け。　＜京都共栄＞

84

月　　日	得点	問／7問中

月　　日	得点	問／7問中

問題2　次の各問に答えよ。

(1)　次の計算をせよ。

①　$3 \times 8 - (-6) \div \dfrac{3}{2}$　＜帝京＞

②　$2\sqrt{18} + \sqrt{75} - \sqrt{48} - 3\sqrt{8}$　＜大阪信愛学院＞

③　$\dfrac{5x+2y-1}{3} - \dfrac{x-2y+1}{6}$　＜四天王寺＞

④　$(-5ab)^2 \div 20a^3b^4 \times 8ab^3$　＜履正社＞

(2)　次を因数分解せよ。

$a(b-2) - b + 2$　＜帝京＞

(3)　次の式の値を求めよ。

$a = \dfrac{3}{2}$,　$b = -\dfrac{2}{3}$ のとき,　$(-2ab^3)^2 \times (-3a^3b)^2$　＜共立二＞

(4)　1次方程式 $0.25(x+7) - 0.15(6x-1) = 0.6$ を解け。

＜和歌山信愛＞

問題3 次の各問に答えよ。

(1) 次の計算をせよ。

① $10-3\times(-2)-12\div(-3)$　＜帝京＞

② $\dfrac{3}{\sqrt{7}}-\sqrt{63}+\dfrac{2}{7}\sqrt{28}$　＜須磨学園＞

③ $\dfrac{2a-3b+1}{12}-\dfrac{a-3b-4}{6}$　＜桜美林＞

④ $(-6ab)^2\div24a^6b^5\times(2a^2b)^3$　＜履正社＞

(2) 次を因数分解せよ。

$3x^2+3xy-x-y$　＜箕面自由学園＞

(3) 次の式の値を求めよ。

$x=\dfrac{3}{2}$, $y=-\dfrac{2}{3}$ のとき, $(-4x^5y^4)^2\div(2x^2y^2)^3$　＜共立二＞

(4) 1次方程式 $3(x-1):11=3:2$ を解け。

＜明治学院東村山＞

問題4　次の各問に答えよ。

(1)　次の計算をせよ。

①　$\dfrac{3}{2} \times \dfrac{1}{3} - \dfrac{1}{2} \div \dfrac{5}{8} + \dfrac{1}{3}$　＜大阪産業大附＞

②　$\sqrt{75} + \sqrt{\dfrac{1}{2}} - \sqrt{12} + \dfrac{3}{\sqrt{2}}$　＜共立二＞

③　$\dfrac{3x-8y+1}{4} - \dfrac{5x-4y+3}{12}$　＜桜美林＞

④　$(-2a^2b)^3 \div (6a^3b^2) \times 3ab$　＜大阪産業大附＞

(2)　次を因数分解せよ。

　$x + x^2y - xy^2 - y$　＜桃山学院＞

(3)　次の式の値を求めよ。

　$x=3,\ y=-2$ のとき，$\left(-\dfrac{3}{8}xy^2\right) \div \left(\dfrac{3}{4}y^2\right)^2$　＜共立二＞

(4)　連立方程式 $\begin{cases} 5x-3(x-y)=24 \\ 3x=2(y+5) \end{cases}$ を解け。　＜和歌山信愛＞

問題5 次の各問に答えよ。

(1) 次の計算をせよ。

① $2-\{5\div(-1)+2\}$　＜京都共栄＞

② $4\sqrt{17}-\dfrac{17\sqrt{3}}{\sqrt{51}}-\sqrt{68}$　＜須磨学園＞

③ $\dfrac{3x+2y-1}{4}-\dfrac{4x+3y-1}{6}$　＜桜美林＞

④ $(-2x^2y)^2\times5x^2y^4\div(-3xy^2)^2$　＜大阪産業大附＞

(2) 次を因数分解せよ。

$2ax-bx-6ay+3by$　＜明治学院東村山＞

(3) 次の式の値を求めよ。

$x=6$, $y=-3$ のとき, $(-18xy^3)\div\left(-\dfrac{3}{5}x^2y\right)\times\dfrac{y}{15}$

＜共立二＞

(4) 連立方程式 $\begin{cases}\dfrac{3}{5}x-\dfrac{7}{10}y=-3.1\\-0.5x+y=8\end{cases}$ を解け。

＜明治学院東村山＞

88

問題6 次の各問に答えよ。

(1) 次の計算をせよ。

① $6 \div (-2) - \{(-3) + 2 \times (-4-1)\}$　＜京都共栄＞

② $\sqrt{\dfrac{1}{2}} + \dfrac{\sqrt{18}}{3} - 2\sqrt{2} + \dfrac{6}{\sqrt{8}}$　＜桜美林＞

③ $\dfrac{a-3b+c}{2} - \dfrac{4a+b-5c}{3}$　＜成城学園＞

④ $6x^2y \times 8xy \div (-2xy)^2$　＜香里ヌヴェール学院＞

(2) 次を因数分解せよ。

$(x-y)(x+4y) + 6y^2$　＜桜美林＞

(3) 次の式の値を求めよ。

$x=24,\ y=-\dfrac{1}{2}$ のとき，$\left(-\dfrac{2}{3}xy^2\right)^2 \div 8x^2y \times (-36xy)$

＜立命館慶祥＞

(4) 連立方程式 $\begin{cases} \dfrac{1-x}{4} = 3y - \dfrac{1}{2} \\ \dfrac{x-y}{3} - \dfrac{y}{5} = 1 \end{cases}$ を解け。　＜共立二＞

問題7 次の各問に答えよ。

(1) 次の計算をせよ。

① $(-3)^3+(-4)^2$ ＜奈良大附＞

② $\dfrac{9}{8} \div \dfrac{\sqrt{3}}{2} \times \dfrac{2}{\sqrt{3}}$ ＜京都先端科学大附＞

③ $\dfrac{4a+5b}{6}-a-\dfrac{3a-2b}{8}$ ＜箕面自由学園＞

④ $(a^2b)^2 \div (-a^2b^3) \times ab^4$ ＜京都成章＞

(2) 次を因数分解せよ。

$x(x-1)-2y(2y-1)$ ＜成蹊＞

(3) 次の式の値を求めよ。

$a=-\dfrac{2}{3}$, $b=4$ のとき, $\left(-\dfrac{2a^2}{b}\right)^3 \div \dfrac{16}{3}a^3b^4 \times \left(\dfrac{b^2}{a}\right)^2$

＜帝塚山泉ヶ丘＞

(4) 連立方程式 $\begin{cases} \dfrac{x+4}{3}-\dfrac{y+1}{2}=0 \\ 3x+4=2(y-x)-3 \end{cases}$ を解け。 ＜成城学園＞

問題8　次の各問に答えよ。

(1)　次の計算をせよ。

①　$(-\dfrac{4}{5})^2-(\dfrac{3}{5})^2-\dfrac{2^2}{5}$　＜京都共栄＞

②　$\sqrt{6}\,(1+\sqrt{24}-2-\sqrt{6}\,)$　＜興南＞

③　$x+\dfrac{x+2y}{2}-\dfrac{2x-y}{3}$　＜香里ヌヴェール学院＞

④　$-\dfrac{8}{21}ab\div\dfrac{3}{7}a^2b^2\times(-\dfrac{1}{4}a^2b\,)$　＜桜美林＞

(2)　次を因数分解せよ。

$(2a-5b)(a+b)+3b(a-b)$　＜履正社＞

(3)　次の式の値を求めよ。

$a=\dfrac{8}{15}$ のとき，$(6a-1)^2-9a(4a-3)$　＜就実＞

(4)　連立方程式 $\begin{cases} \dfrac{3x+y}{3}-\dfrac{x-y}{2}=5 \\ 0.2x+0.7y=3.1 \end{cases}$ を解け。　＜共立二＞

問題9　次の各問に答えよ。

(1)　次の計算をせよ。

①　$(-\dfrac{1}{2})^3+(-\dfrac{1}{2})^2+(-\dfrac{1}{2})$　＜大阪産業大附＞

②　$(\sqrt{6}+\sqrt{24})\times 2\sqrt{2}$　＜奈良大附＞

③　$3a-\dfrac{5a-4b}{6}-\dfrac{2a+2b}{3}$　＜帝京＞

④　$\dfrac{3}{16}a^2b \times 8ab^2 \div (-\dfrac{1}{2}a^3b^2)$　＜桜美林＞

(2)　次を因数分解せよ。

$3x(x-2)-2(x+1)(x-1)+3$　＜履正社＞

(3)　次の式の値を求めよ。

$x=\dfrac{1}{8}$ のとき，$(x+6)^2-(x-4)^2$　＜和歌山信愛＞

(4)　連立方程式 $3x-5y-7=4x+2y-6=6x+6y+6$ を解け。

＜和歌山信愛＞

| 月　　日　　得点　　問／7問中 |
| 月　　日　　得点　　問／7問中 |

問題１０　次の各問に答えよ。

(1)　次の計算をせよ。

①　$7 \times (5 - 3^2)$　＜就実＞

②　$\dfrac{\sqrt{98} + \sqrt{242}}{9\sqrt{2}}$　＜興南＞

③　$\dfrac{2x+y}{3} + x - 5y - \dfrac{x-8y}{2}$　＜雲雀丘＞

④　$-\dfrac{1}{12}a^2 \div \left(\dfrac{2}{3}ab\right)^2 \times 8ab^2$　＜桜美林＞

(2)　次を因数分解せよ。

$3x(x-2) - (x-4)(x+4) - (x+1)(x+5)$　＜立命館慶祥＞

(3)　次の式の値を求めよ。

$x = \sqrt{7} - 3$ のとき，$x(x+6) - \sqrt{7}\,(x+3)$　＜履正社＞

(4)　連立方程式 $2x - 3y = 5x - 4y - 7 = -4x + 2y - 1$ を解け。

＜雲雀丘＞

問題１１　次の各問に答えよ。

(1)　次の計算をせよ。

①　$(-5)^3 \times (-6) \div (-10^2)$　＜明治学院東村山＞

②　$\sqrt{6} \times 2\sqrt{3} - \dfrac{4}{\sqrt{2}}$　＜京都先端科学大附＞

③　$3x - 2y + \dfrac{2x-3y}{3} - \dfrac{5x-6y}{2}$　＜桐光学園＞

④　$\dfrac{9}{14}a^2b \div \left(-\dfrac{3}{5}ab^3\right) \times \dfrac{7}{15}ab^2$　＜桜美林＞

(2)　次を因数分解せよ。

$x^2 - 4x - y^2 + 4y$　＜桜美林＞

(3)　次の式の値を求めよ。

$x = \sqrt{3} - \dfrac{1}{\sqrt{3}},\ y = \sqrt{2} - \dfrac{1}{\sqrt{2}}$ のとき，$(x+y)(x-y)$　＜就実＞

(4)　連立方程式 $\begin{cases} (x-2):y = 2:1 \\ x-y = 4 \end{cases}$ を解け。　＜桐光学園＞

問題１２　次の各問に答えよ。

(1)　次の計算をせよ。

①　$(-3)^3+27\div(-3)^2$　＜大阪産業大附＞

②　$\left(\dfrac{\sqrt{432}}{\sqrt{3}}\right)^2+\sqrt{121}\div(-\dfrac{1}{\sqrt{9}})$　＜興南＞

③　$\dfrac{a+3}{2}+\dfrac{3a-1}{3}-\dfrac{2a-3}{6}$　＜帝京＞

④　$\dfrac{7}{9}a^3b^2\times\dfrac{3}{2}ab^2\div\dfrac{7}{3}b$　＜トキワ松＞

(2)　次を因数分解せよ。

$x^2-2x+2y-y^2$　＜かえつ有明＞

(3)　次の式の値を求めよ。

$a=-2+\sqrt{3}$ ， $b=-2-\sqrt{3}$ のとき， $a^2-5ab+b^2$　＜成城学園＞

(4)　連立方程式 $\begin{cases}2x:(y+4)=3:1\\5x+6y=3\end{cases}$ を解け。　＜桐光学園＞

95

問題１３ 次の各問に答えよ。

(1) 次の計算をせよ。

① $(-3)^3 - (-2) \times 9$ ＜京都成章＞

② $\sqrt{15} \div \sqrt{3} \times \sqrt{2} + 2\sqrt{10}$ ＜九州国際大付＞

③ $\dfrac{2x-y}{3} - \dfrac{2x-y}{4} - \dfrac{x+y}{6}$ ＜桜美林＞

④ $\left(-\dfrac{3}{4}x^3y\right)^2 \times 4xy \div \left(-\dfrac{3}{2}x^4y^3\right)$ ＜桐光学園＞

(2) 次を因数分解せよ。

$ax^2 - 2x^2 - ay^2 + 2y^2$ ＜桐光学園＞

(3) 次の式の値を求めよ。

$x = \sqrt{7} + \sqrt{6}$, $y = \sqrt{7} - \sqrt{6}$ のとき, $x^2 + xy + y^2$ ＜奈良大附＞

(4) 2次方程式 $2(x-7)^2 - 18 = 0$ を解け。 ＜龍谷大平安＞

問題14　次の各問に答えよ。

(1)　次の計算をせよ。

①　$-2^2+6\div(-\dfrac{3}{4})$　＜就実＞

②　$\sqrt{6}-\dfrac{30}{\sqrt{3}}\times\dfrac{\sqrt{8}}{4}+\sqrt{54}$　＜桜美林＞

③　$\dfrac{x+y}{2}-\dfrac{x+y}{3}-\dfrac{x+y}{6}$　＜大阪産業大附＞

④　$(-\dfrac{y}{x})\times\dfrac{x^3}{y^4}\div\left(\dfrac{x}{y}\right)^3$　＜函館ラ・サール＞

(2)　次を因数分解せよ。

　x^2-y^2-2x+1　＜雲雀丘＞

(3)　次の式の値を求めよ。

　$x=\sqrt{3}+1$，$y=\sqrt{3}-1$ のとき，$x^2+3xy+y^2$　＜和歌山信愛＞

(4)　2次方程式 $(x-4)(x+4)=-(x+10)$ を解け。

＜かえつ有明＞

問題１５ 次の各問に答えよ。

(1) 次の計算をせよ。

① $-4^2 \times \dfrac{3}{8} - 3$ ＜高崎健康福祉大＞

② $\sqrt{84} \div \sqrt{3} - \dfrac{\sqrt{32}}{2} \times \sqrt{14}$ ＜桜美林＞

③ $\dfrac{x-4y}{5} - \dfrac{2x+y}{2} + \dfrac{8x-7y}{10}$ ＜桜美林＞

④ $\dfrac{x^2}{2y} \div \left(-\dfrac{3x^2 y}{2}\right)^2 \times \left(-\dfrac{9}{2}x^3 y^3\right)$ ＜和歌山信愛＞

(2) 次を因数分解せよ。
　$9x^2 - y^2 + 4y - 4$ ＜桐光学園＞

(3) 次の式の値を求めよ。
　$x=6,\ y=35$ のとき，$36x^2 - y^2$ ＜函館白百合＞

(4) 2次方程式 $(3x-2)^2 = (x-6)(x-2)$ を解け。 ＜雲雀丘＞

問題１６　次の各問に答えよ。

(1)　次の計算をせよ。

①　$2-(-\dfrac{3}{2})^3 \div \dfrac{3}{16}$　　＜高崎健康福祉大＞

②　$\sqrt{18} - \dfrac{1}{\sqrt{12}} \div \dfrac{1}{5\sqrt{2}} \times 4\sqrt{3}$　　＜桜美林＞

③　$\dfrac{x-2}{2} - \dfrac{x-6}{3} - \dfrac{x+4}{4}$　　＜大阪産業大附＞

④　$\left(-\dfrac{1}{2}xy^2\right)^2 \times (-\dfrac{4}{3}x^2y) \div \dfrac{2}{9}x^3y^2$　　＜大阪産業大附＞

(2)　次を因数分解せよ。

　$9x^2-16y^2-6x+8y$　　＜桜美林＞

(3)　次の式の値を求めよ。

　$x=\sqrt{3}+8$ のとき，$2x^2-32x+128$　　＜明治学院東村山＞

(4)　２次方程式 $(2x-1)^2-3(2x-1)=0$ を解け。　　＜和歌山信愛＞

問題17 次の各問に答えよ。

(1) 次の計算をせよ。

① $(-2)^3 + 8 \div (-2)^2$ ＜大阪産業大附＞

② $\dfrac{1}{\sqrt{2}} \times 3\sqrt{72} - \dfrac{20}{\sqrt{8}} \div \sqrt{50}$ ＜大阪産業大附＞

③ $\dfrac{2x-3y-4z}{3} - \dfrac{3x+2y-4z}{4} - \dfrac{-2x-3y+z}{6}$ ＜かえつ有明＞

④ $\dfrac{3}{8}x^2 y \div \left(-\dfrac{5}{2}xy\right)^2 \times \left(-\dfrac{10}{9}xy^3\right)$ ＜桜美林＞

(2) 次を因数分解せよ。

$x^2 + 2xy + y^2 + 7x + 7y$ ＜桜美林＞

(3) 次の式の値を求めよ。

$x = 2\sqrt{3} + 2\sqrt{2}$, $y = \sqrt{3} - \sqrt{2}$ のとき, $x^2 - 4y^2$ ＜成城学園＞

(4) 2次方程式 $(3x+4)^2 - 8(3x+4) + 6 = 0$ を解け。

＜成城学園＞

問題18　次の各問に答えよ。

(1)　次の計算をせよ。

①　$70-2^3\times(-3)^2$　＜大阪産業大附＞

②　$\sqrt{2}\,(\sqrt{6}-\sqrt{24}\,)+\sqrt{147}$　　＜高崎健康福祉大＞

③　$(x+y)^2+(x+y)(x-y)$　＜共立二＞

④　$-\dfrac{8}{9}xy^2\times\left(-\dfrac{1}{2}xy\right)^2\div(-\dfrac{4}{15}x^3y)$　＜桜美林＞

(2)　次を因数分解せよ。
　　$a^2+2ab+b^2+3a+3b$　＜桐光学園＞

(3)　次の式の値を求めよ。
　　$x=\sqrt{5}+\sqrt{2}$, $y=\sqrt{5}-\sqrt{2}$ のとき，x^2-y^2　＜トキワ松＞

(4)　2 次方程式　$\dfrac{1}{4}(x-1)^2+\dfrac{1}{2}(x-1)-\dfrac{3}{4}=0$　を解け。

＜桐光学園＞

問題１９ 次の各問に答えよ。

(1) 次の計算をせよ。

① $-2^4+(-2)^3\times3$ ＜高崎健康福祉大＞

② $\sqrt{6}\left(\sqrt{18}+\dfrac{6}{\sqrt{3}}\right)-\sqrt{72}$ ＜東京都立戸山＞

③ $(a-2)(a-8)+(a-4)(a+4)$ ＜和歌山信愛＞

④ $\dfrac{32}{9}x^4y\div\left(-\dfrac{2}{3}x^3y\right)\times(-6xy^2)^2$ ＜近大和歌山＞

(2) 次を因数分解せよ。

$x^2+xy-30y^2-3x-18y$ ＜桜美林＞

(3) 次の式の値を求めよ。

$x=\sqrt{5}+2$, $y=\sqrt{5}-2$ のとき, x^2-y^2 ＜日大明誠＞

(4) ２次方程式 $\left(2-\dfrac{1}{2}x\right)^2=(x-1)(x-4)$ を解け。

＜和歌山信愛＞

月　　日	得点	問／7問中

月　　日	得点	問／7問中

問題２０　次の各問に答えよ。

(1)　次の計算をせよ。

①　$3^2-(-3)^3\div\dfrac{9}{2}$　＜九州国際大付＞

②　$(\dfrac{\sqrt{27}-\sqrt{3}}{\sqrt{2}}-\sqrt{\dfrac{2}{3}})\times\sqrt{6}$　＜大阪産業大附＞

③　$(x-3)^2+(2x+1)(x-9)$　＜和歌山信愛＞

④　$(-2ab)^3\div(-\dfrac{2}{3}ab)\div\dfrac{8}{9}ab^2$　＜桐光学園＞

(2)　次を因数分解せよ。
　$xy+x-y^2+5y+6$　＜桜美林＞

(3)　次の式の値を求めよ。
　$x=\sqrt{3}+\sqrt{2}$，$y=\sqrt{3}-\sqrt{2}$ のとき，$2x^2+4xy+2y^2$　＜奈良大附＞

(4)　$(3x-y):(x+2y)=5:3$ のとき，$x:y$ を最も簡単な整数の比で表せ。　＜四天王寺＞

問題２１ 次の各問に答えよ。

(1) 次の計算をせよ。

① $2^3-(-5)^2\times\dfrac{2}{5}$ ＜九州国際大付＞

② $\sqrt{3}\times\left(\dfrac{\sqrt{15}}{3}\right)^2-\dfrac{5-\sqrt{6}}{\sqrt{3}}$ ＜東京都立八王子東＞

③ $(a+4b)^2-(4b-a)^2$ ＜桜美林＞

④ $(-ab^2)^3\times\left(\dfrac{b}{2a}\right)^2\div\dfrac{b^5}{8}$ ＜成城学園＞

(2) 次を因数分解せよ。

$(2a-b)^2-(2b-a)^2$ ＜和歌山信愛＞

(3) 次の式の値を求めよ。

$x=\sqrt{5}-2$，$y=\sqrt{5}+2$ のとき，x^3y-xy^3 ＜東京純心女子＞

(4) x についての１次方程式 $x-\dfrac{1}{8}a-\dfrac{3x-1}{2}=1$ の解が $x=-1$ のとき，a の値を求めよ。 ＜京都共栄＞

104

問題２２　次の各問に答えよ。

(1)　次の計算をせよ。

①　$4^2+(-3+1)^3\times3$　＜大阪学院大＞

②　$\sqrt{3}\,(2+\sqrt{6}\,)-\sqrt{2}\,(3-\sqrt{6}\,)$　＜近大和歌山＞

③　$(2a+4b)(a-2b)-(a+b)(a-8b)$　＜桜美林＞

④　$\left(\dfrac{4}{5}xy^2\right)^2\div(-x^3y^4)\times\left(-\dfrac{5}{2}x^2y\right)^3$　＜雲雀丘＞

(2)　次を因数分解せよ。

$(x+6)^2-8(x+6)+16$　＜和歌山信愛＞

(3)　次の式の値を求めよ。

$x=3+\sqrt{5}$, $y=3-\sqrt{5}$ のとき，$x^2-x-y-y^2$

＜京都先端科学大附＞

(4)　連立方程式 $\begin{cases} ax+6y=-3b \\ bx+4y=-13 \end{cases}$ の解が $x=-9$, $y=8$ のとき，a, b の値を求めよ。　＜桜美林＞

問題２３　次の各問に答えよ。

(1)　次の計算をせよ。

①　$-4^2 \times (-\dfrac{1}{2})^3 - (-3)^2$　＜東京純心女子＞

②　$\sqrt{7}\,(\sqrt{63} - \sqrt{28}) - \sqrt{3}\,(\sqrt{18} - \sqrt{12})$　＜龍谷大平安＞

③　$(3a+b)(a-4b) - (a-2b)(a-9b)$　＜桜美林＞

④　$(-2ab^2)^3 \div \dfrac{16}{9}a^3b^2 \times \left(-\dfrac{2}{3}ab\right)^2$　＜弘学館＞

(2)　次を因数分解せよ。

　$(x+y)^2 - 5(x+y) + 4$　＜専修大附＞

(3)　次の式の値を求めよ。

　$x = 3 - \sqrt{2}$, $y = 2 + \sqrt{6}$ のとき, $xy - 2x - 3y + 6$

　　　　　　　　　　　　　　　＜明治学院東村山＞

(4)　連立方程式 $\begin{cases} ax + 2by = -13 \\ 2ax - 3by = 16 \end{cases}$ の解が $x = -1$, $y = 2$ であるとき,

a, b の値を求めよ。　＜東京純心女子＞

問題２４　次の各問に答えよ。

(1)　次の計算をせよ。

①　$6-3\times(7-2^2)$　＜就実＞

②　$(2\sqrt{6}+\sqrt{3})(3\sqrt{6}-2\sqrt{3})$　＜東京純心女子＞

③　$(2a+\dfrac{1}{2}b)^2-(2a-\dfrac{1}{2}b)^2$　＜大阪産業大附＞

④　$-\dfrac{9}{10}x^3y\div\left(\dfrac{3}{5}xy^2\right)^2\times\left(-\dfrac{2}{3}y^2\right)^2$　＜立命館慶祥＞

(2)　次を因数分解せよ。

　$3(x-4)^2+6y(x-4)$　＜箕面自由学園＞

(3)　次の式の値を求めよ。

　$a=3+\sqrt{5}$，$b=-2+\sqrt{3}$ のとき，$ab+2a-3b-6$　＜四天王寺＞

(4)　連立方程式 $\begin{cases}ax+by=-9\\x-y=5\end{cases}$ と $\begin{cases}2x+y=1\\bx+ay=11\end{cases}$ の解が等しくなると

き，a の値を求めよ。　＜京都先端科学大附＞

問題２５ 次の各問に答えよ。

(1)　次の計算をせよ。

①　$(-1)^2-(3-2^2)\times3$　　＜桜花学園＞

②　$-\dfrac{10}{\sqrt{20}}+(1-\sqrt{5})(\sqrt{5}-1)$　　＜就実＞

③　$(3a-4b)^2-3(a-4b)(3a+b)$　　＜桜美林＞

④　$\left(\dfrac{x}{2}\right)^3\div\left(-\dfrac{2xy^3}{3}\right)^2\times(-4y^3)^2$　　＜函館ラ・サール＞

(2)　次を因数分解せよ。

　$(3x+4)^2+6(3x+4)+8$　　＜明治学院東村山＞

(3)　次の式の値を求めよ。

　$a=\sqrt{3}+\sqrt{2}$, $b=\sqrt{3}-\sqrt{2}$ のとき, $(a-b)^2+4ab$

＜近大和歌山＞

(4)　連立方程式 $\begin{cases}2x+3y=1\\x-3y=a\end{cases}$ の解が, 連立方程式 $\begin{cases}2x+y=b\\x+y=2\end{cases}$ の解に一致するとき, 定数 a, b の値を求めよ。　　＜かえつ有明＞

問題２６　次の各問に答えよ。

(1)　次の計算をせよ。

①　$(-4)^2 \times 3 - (-3^3) \times (-2)$　＜立命館慶祥＞

②　$(2-\sqrt{3})^2 - \dfrac{6}{\sqrt{3}} + \sqrt{75}$　＜帝京＞

③　$(x-3)^2 - (x+1)(x-1) + 3(2x-4)$　＜京都共栄＞

④　$2a^5b^3 \times \left(-\dfrac{5}{6}a\right)^2 \div \left(-\dfrac{5}{3}a^2b\right)^3$　＜雲雀丘＞

(2)　次を因数分解せよ。

$9(x-2)^2 - 6(x-2) + 1$　＜帝塚山泉ヶ丘＞

(3)　次の式の値を求めよ。

$x+y=6$, $xy=2$ のとき, x^2+y^2　＜トキワ松＞

(4)　x についての２次方程式 $x^2-ax-22=0$ の解の１つが -2 であるとき, a の値を求めよ。　＜京都共栄＞

問題２７　次の各問に答えよ。

(1)　次の計算をせよ。

①　$(-2)^3 \times 3 - (-3^2) \times 5$　＜トキワ松＞

②　$\dfrac{\sqrt{3}-3}{\sqrt{3}} - (1-\sqrt{3})(1+\sqrt{3})$　＜京都成章＞

③　$(x+6)^2 - (x-6)^2 - (x+6)(x-6) - 12(2x+3)$

＜香里ヌヴェール学院＞

④　$\dfrac{(-xy)^3}{2} \div \left(\dfrac{x^2 y}{3}\right)^2 \times \dfrac{x}{y}$　＜弘学館＞

(2)　次を因数分解せよ。

$2(x+2y)(x-2y) - (x-6y)(x+2y)$　＜明治学院東村山＞

(3)　次の式の値を求めよ。

$x+y=5$，$xy=3$ のとき，x^2+y^2　＜玉川学園＞

(4)　2次方程式 $x^2-5x+a=0$ の解の1つが4のとき，a の値ともう1つの解を求めよ。　＜トキワ松＞

110

問題２８　次の各問に答えよ。

(1)　次の計算をせよ。

①　$(-3^2)\times 1^2-(-2)^2\times 2$　＜トキワ松＞

②　$(\sqrt{3}-\sqrt{5})(5+\sqrt{15})-\dfrac{6-2\sqrt{10}}{\sqrt{2}}$　＜東京都立八王子東＞

③　$(x-3)^2-2(x+1)(x-8)+x(x-5)$　＜立命館慶祥＞

④　$\dfrac{1}{2}xy^4\div\left(-\dfrac{3}{2}xy^2\right)^3\times(-9x^2y)^2$　＜弘学館＞

(2)　次を因数分解せよ。

$(2x+y+3)(2x+y-5)+7$　＜成城学園＞

(3)　次の式の値を求めよ。

$x=1-\sqrt{5}$ のとき，x^2-2x+3　＜京都先端科学大附＞

(4)　2次方程式 $ax^2+bx+3=0$ の2つの解が $x=-3$，$\dfrac{1}{2}$ であるとき，a，b の値を求めよ。　＜成城学園＞

問題２９　次の各問に答えよ。

(1)　次の計算をせよ。

①　$(-2)^3 \div 2 - (8-10) \times 7$　＜和歌山信愛＞

②　$(\sqrt{2}+3)(2\sqrt{2}-5)-(3+\sqrt{2})^2$　＜桐光学園＞

③　$\dfrac{(x-6y)(x+2y)}{2} - \dfrac{(x-3y)^2}{3}$　＜かえつ有明＞

④　$(-ab^2) \div \left(-\dfrac{1}{4}ab^3\right)^3 \times (-0.5a^2b^6)^2$　＜成城学園＞

(2)　次を因数分解せよ。

$(a+b)^2 + 6(a+b+3) - 10$　＜成城学園＞

(3)　次の式の値を求めよ。

$x = \sqrt{6}-4$ のとき，$x^2+8x+15$　＜共立二＞

(4)　2次方程式 $x^2+ax+b=0$ の 2 つの解が $x=-2$, 4 のとき，
2 次方程式 $x^2+bx+2a=0$ の解を求めよ。　＜桜美林＞

問題３０　次の各問に答えよ。

(1)　次の計算をせよ。

①　$(2-4)^3 \times (3-5) \div (-3^2)$　＜和歌山信愛＞

②　$(\sqrt{3} - \sqrt{6})^2 - (\sqrt{10} + 1)(\sqrt{10} - 1)$　＜雲雀丘＞

③　$\dfrac{(2x-3y)^2}{3} - \dfrac{(x-2y)(5x-6y)}{4}$　＜帝塚山泉ヶ丘＞

④　$\left(\dfrac{2}{3}x^2 y\right)^3 \div \left(-\dfrac{1}{9}x^2 y^3\right)^2 \times (-xy^2)^3$　＜四天王寺＞

(2)　次を因数分解せよ。

$(a^2-b^2)x^2 + b^2 - a^2$　＜関西大倉＞

(3)　次の式の値を求めよ。

$x = \sqrt{7} + 6$ のとき，$x^2 - 12x + 36$　＜共立二＞

(4)　x の方程式 $x^2 + ax - 3 = 0$ の１つの解が３で，他の解が $3x^2 - 8x + b = 0$ の解の１つであるとき，a, b の値を求めよ。

＜雲雀丘＞

第4章
解答・解説

第 2 章

問題 1

(1) $4-10=\boxed{-6}$

(2) $4\times 8-5=32-5=\boxed{27}$

(3) $6a^2\times \dfrac{1}{3}a=\boxed{2a^3}$

(4) $7x-3x=\boxed{4x}$

(5) $4(8x-7)=\boxed{32x-28}$

(6) $\sqrt{2}\times \sqrt{14}=\sqrt{28}=\boxed{2\sqrt{7}}$

(7) $\sqrt{54}-2\sqrt{3}\div \sqrt{2}=3\sqrt{6}-\sqrt{12}\div \sqrt{2}=3\sqrt{6}-\sqrt{6}=\boxed{2\sqrt{6}}$

(8) $4x+5=x-1,\ \ 4x-x=-1-5,\ \ 3x=-6,\ \boxed{x=-2}$

(9) $x^2-x-12=0,\ \ (x-4)(x+3)=0,\ \boxed{x=4,\ \ -3}$

(10) $4a-9b+3=0,\ \ 4a=9b-3,\ \boxed{a=\dfrac{9a-3}{4}}$

問題 2

(1) $-9+2=\boxed{-7}$

(2) $3\times (-5)+9=-15+9=\boxed{-6}$

(3) $(-3a)^2\times (-2b)=9a^2\times (-2b)=\boxed{-18a^2b}$

(4) $\dfrac{4}{5}x-\dfrac{2}{3}x=\dfrac{12}{15}x-\dfrac{10}{15}x=\boxed{\dfrac{2}{15}x}$

(5) $18\times \dfrac{5x-2y}{6}=3(5x-2y)=\boxed{15x-6y}$

(6) $\sqrt{80}\times \sqrt{5}=\sqrt{16}\times \sqrt{5}\times \sqrt{5}=4\times 5=\boxed{20}$

(7) $\sqrt{30}\div \sqrt{5}+\sqrt{54}=\sqrt{6}+3\sqrt{6}=\boxed{4\sqrt{6}}$

(8) $7x-2=x+1,\ \ 7x-x=1+2,\ \ 6x=3,\ \boxed{x=\dfrac{1}{2}}$

(9) $x^2+3x+2=0,\ \ (x+2)(x+1)=0,\ \boxed{x=-2,\ \ -1}$

(10) $3x+7y=21,\ \ 3x=21-7y,\ \boxed{x=\dfrac{21-7y}{3}}$

問題 3

(1) $3.4-(-2.5)=3.4+2.5=\boxed{5.9}$

(2) $(-56)\div7-3=(-8)-3=\boxed{-11}$

(3) $\dfrac{1}{6}xy\times(-18x)=\dfrac{xy}{6}\times\dfrac{-18x}{1}=\boxed{-3x^2y}$

(4) $(-6x+9)\div3=\dfrac{1}{3}(-6x+9)=\boxed{-2x+3}$

(5) $\dfrac{1}{3}x+y-2x+\dfrac{1}{2}y=\dfrac{1}{3}x+\dfrac{2}{2}y-\dfrac{6}{3}x+\dfrac{1}{2}y=\boxed{-\dfrac{5}{3}x+\dfrac{3}{2}y}$

(6) $\sqrt{12}\times\sqrt{45}=2\sqrt{3}\times3\sqrt{5}=\boxed{6\sqrt{15}}$

(7) $\sqrt{32}+2\sqrt{3}\div\sqrt{6}=4\sqrt{2}+\sqrt{12}\div\sqrt{6}=4\sqrt{2}+\sqrt{2}=\boxed{5\sqrt{2}}$

(8) $3x-7=8-2x$, $3x+2x=8+7$, $5x=15$, $\boxed{x=3}$

(9) $x^2-5x-6=0$, $(x-6)(x+1)=0$, $\boxed{x=6,\ -1}$

(10) $-a+3b=1$, $3b=1+a$, $\boxed{b=\dfrac{1+a}{3}}$

問題 4

(1) $-7-4=\boxed{-11}$

(2) $(-2)\times3-4=(-6)-4=\boxed{-10}$

(3) $14ab\times\dfrac{b}{2}=\dfrac{14ab}{1}\times\dfrac{b}{2}=\boxed{7ab^2}$

(4) $(15x+20)\div5=\dfrac{1}{5}(15x+20)=\boxed{3x+4}$

(5) $2x-(3x-y)=2x-3x+y=\boxed{-x+y}$

(6) $3\div\sqrt{6}\times\sqrt{8}=\sqrt{9}\times\dfrac{1}{\sqrt{6}}\times\sqrt{8}=\dfrac{\sqrt{72}}{\sqrt{6}}=\sqrt{12}=\boxed{2\sqrt{3}}$

(7) $\sqrt{48}-3\sqrt{6}\div\sqrt{2}=4\sqrt{3}-3\sqrt{3}=\boxed{\sqrt{3}}$

(8) $6x-1=4x-9$, $6x-4x=-9+1$, $2x=-8$, $\boxed{x=-4}$

(9) $x^2-7x-18=0$, $(x-9)(x+2)=0$, $\boxed{x=9,\ -2}$

(10)　$3a-2b+5=0$,　$3a+5=2b$,　$\boxed{b=\dfrac{3a+5}{2}}$

問題5

(1)　$-6+(-9)=-6-9=\boxed{-15}$

(2)　$-2\times3+2=-6+2=\boxed{-4}$

(3)　$(-4a)^2\times3b=16a^2\times3b=\boxed{48a^2b}$

(4)　$(3x^2y-2xy^2)\div xy=\dfrac{3x^2y}{xy}-\dfrac{2xy^2}{xy}=\boxed{3x-2y}$

(5)　$-2(3x-y)+2x=-6x+2y+2x=\boxed{-4x+2y}$

(6)　$4\sqrt{5}+\sqrt{20}=4\sqrt{5}+2\sqrt{5}=\boxed{6\sqrt{5}}$

(7)　$\sqrt{12}+2\sqrt{6}\times\dfrac{1}{\sqrt{8}}=2\sqrt{3}+\sqrt{24}\times\dfrac{1}{\sqrt{8}}=2\sqrt{3}+\sqrt{3}=\boxed{3\sqrt{3}}$

(8)　$5x+8=3x-4$,　$5x-3x=-4-8$,　$2x=-12$,　$\boxed{x=-6}$

(9)　$x^2=x+12$,　$x^2-x-12=0$,　$(x-4)(x+3)=0$,　$\boxed{x=4,\ \ -3}$

(10)　$b=\dfrac{5a+4}{7}$,　$7b=5a+4$,　$7b-4=5a$,　$\boxed{a=\dfrac{7b-4}{5}}$

問題6

(1)　$4+(-8)=4-8=\boxed{-4}$

(2)　$7-5\times(-2)=7-(-10)=7+10=\boxed{17}$

(3)　$2a\times(-3a)^2=2a\times9a^2=\boxed{18a^3}$

(4)　$(6a^2-4ab)\div2a=\dfrac{6a^2}{2a}-\dfrac{4ab}{2a}=\boxed{3a-2b}$

(5)　$a+b+\dfrac{1}{4}(a-8b)=a+b+\dfrac{1}{4}a-2b=\boxed{\dfrac{5}{4}a-b}$

(6)　$\sqrt{12}+9\sqrt{3}=2\sqrt{3}+9\sqrt{3}=\boxed{11\sqrt{3}}$

(7)　$\dfrac{6}{\sqrt{3}}+\sqrt{15}\div\sqrt{5}=\dfrac{6\sqrt{3}}{3}+\sqrt{3}=2\sqrt{3}+\sqrt{3}=\boxed{3\sqrt{3}}$

(8)　$5x-6=2x+3$,　$5x-2x=3+6$,　$3x=9$,　$\boxed{x=3}$

(9)　$x^2-5x=6$,　$x^2-5x-6=0$,　$(x-6)(x+1)=0$,　$\boxed{x=6,\ \ -1}$

(10)　$a = \dfrac{2b-c}{5}$,　$5a = 2b - c$,　$\boxed{c = 2b - 5a}$

問題7

(1)　$-4 - (-8) = -4 + 8 = \boxed{4}$

(2)　$6 + 4 \times (-3) = 6 + (-12) = 6 - 12 = \boxed{-6}$

(3)　$(-3a) \times (-2b)^3 = (-3a) \times (-8b^3) = \boxed{24ab^3}$

(4)　$(8a^2b + 36ab^2) \div 4ab = \dfrac{8a^2b}{4ab} + \dfrac{36ab^2}{4ab} = \boxed{2a + 9b}$

(5)　$4(x - 2y) + 3(x + 3y - 1) = 4x - 8y + 3x + 9y - 3 = \boxed{7x + y - 3}$

(6)　$2\sqrt{3} + \sqrt{27} = 2\sqrt{3} + 3\sqrt{3} = \boxed{5\sqrt{3}}$

(7)　$\dfrac{12}{\sqrt{6}} + 3\sqrt{3} \times (-\sqrt{2}) = \dfrac{12\sqrt{6}}{6} - 3\sqrt{6} = 2\sqrt{6} - 3\sqrt{6} = \boxed{-\sqrt{6}}$

(8)　$3 : 8 = x : 40$,　$8x = 120$,　$\boxed{x = 15}$

(9)　$3x^2 - 5x - 1 = 0$,　$x = \dfrac{-(-5) \pm \sqrt{(-5)^2 - 4 \times 3 \times (-1)}}{2 \times 3} = \dfrac{5 \pm \sqrt{25 - (-12)}}{6}$

$= \boxed{\dfrac{5 \pm \sqrt{37}}{6}}$

(10)　$l = 2\pi r$,　$2\pi r = l$,　$\boxed{r = \dfrac{l}{2\pi}}$

問題8

(1)　$-7 - (-3) = -7 + 3 = \boxed{-4}$

(2)　$9 + 4 \times (-3) = 9 + (-12) = 9 - 12 = \boxed{-3}$

(3)　$2ab \div \dfrac{b}{2} = \dfrac{2ab}{1} \times \dfrac{2}{b} = \boxed{4a}$

(4)　$(-6xy^2 + 8xy) \div (-2xy) = \dfrac{-6xy^2}{-2xy} + \dfrac{8xy}{-2xy} = \boxed{3y - 4}$

(5)　$x(3x + 4) - 3(x^2 + 9) = 3x^2 + 4x - 3x^2 - 27 = \boxed{4x - 27}$

(6)　$\sqrt{54} - 2\sqrt{6} = 3\sqrt{6} - 2\sqrt{6} = \boxed{\sqrt{6}}$

(7) $\dfrac{8}{\sqrt{12}} + \sqrt{50} \div \sqrt{6} = \dfrac{8}{2\sqrt{3}} + \dfrac{\sqrt{25}}{\sqrt{3}} = \dfrac{4}{\sqrt{3}} + \dfrac{5}{\sqrt{3}} = \dfrac{9}{\sqrt{3}} = \boxed{3\sqrt{3}}$

(8) $x : 12 = 3 : 2, \quad 2x = 36, \quad \boxed{x = 18}$

(9) $2x^2 - 3x - 6 = 0, \quad x = \dfrac{-(-3) \pm \sqrt{(-3)^2 - 4 \times 2 \times (-6)}}{2 \times 2} = \dfrac{3 \pm \sqrt{9 - (-48)}}{4}$

$= \boxed{\dfrac{3 \pm \sqrt{57}}{4}}$

(10) $-2a + 14$ へ $a = -6$ を代入して，$-2 \times (-6) + 14 = 12 + 14$
$= \boxed{26}$

問題9

(1) $8 - (-5) = 8 + 5 = \boxed{13}$

(2) $3 + 8 \div (-4) = 3 + (-2) = 3 - 2 = \boxed{1}$

(3) $-18xy \div 3x = \dfrac{-18xy}{3x} = \boxed{-6y}$

(4) $(4x^2y + xy^3) \div xy = \dfrac{4x^2y}{xy} + \dfrac{xy^3}{xy} = \boxed{4x + y^2}$

(5) $3(a - 2b) + 4(-a + 3b) = 3a - 6b - 4a + 12b = \boxed{-a + 6b}$

(6) $3\sqrt{2} + \sqrt{8} = 3\sqrt{2} + 2\sqrt{2} = \boxed{5\sqrt{2}}$

(7) $\sqrt{6} \times \sqrt{2} + \dfrac{3}{\sqrt{3}} = \sqrt{12} + \dfrac{3\sqrt{3}}{3} = 2\sqrt{3} + \sqrt{3} = \boxed{3\sqrt{3}}$

(8) $5x - 7 = 9(x - 3), \quad 5x - 7 = 9x - 27, \quad 5x - 9x = -27 + 7,$
$-4x = -20, \quad \boxed{x = 5}$

(9) $7x^2 + 2x - 1 = 0, \quad x = \dfrac{-2 \pm \sqrt{2^2 - 4 \times 7 \times (-1)}}{2 \times 7} = \dfrac{-2 \pm \sqrt{4 - (-28)}}{14}$

$= \dfrac{-2 \pm \sqrt{32}}{14} = \dfrac{-2 \pm 4\sqrt{2}}{14} = \boxed{\dfrac{-1 \pm 2\sqrt{2}}{7}}$

(10) $4a + 21$ へ $a = -3$ を代入して，$4 \times (-3) + 21 = -12 + 21$
$= \boxed{9}$

120

問題１０

(1)　$2-(-4)=2+4=\boxed{6}$

(2)　$2+12\div(-3)=2+(-4)=2-4=\boxed{-2}$

(3)　$28x^2\div7x=\dfrac{28\boldsymbol{x}^2}{7\boldsymbol{x}}=\boxed{4x}$

(4)　$(6x^2y+4xy^2)\div2xy=\dfrac{6\boldsymbol{x}^2\boldsymbol{y}}{2\boldsymbol{x}\boldsymbol{y}}+\dfrac{4\boldsymbol{x}\boldsymbol{y}^2}{2\boldsymbol{x}\boldsymbol{y}}=\boxed{3x+2y}$

(5)　$-4(2x-y)+5x-2y=-8x+4y+5x-2y=\boxed{-3x+2y}$

(6)　$\sqrt{8}-\sqrt{18}=2\sqrt{2}-3\sqrt{2}=\boxed{-\sqrt{2}}$

(7)　$\dfrac{12}{\sqrt{6}}+\sqrt{42}\div\sqrt{7}=\dfrac{12\sqrt{6}}{6}+\sqrt{6}=2\sqrt{6}+\sqrt{6}=\boxed{3\sqrt{6}}$

(8)　$4(x+8)=7x+5$,　$4x+32=7x+5$,　$4x-7x=5-32$,
$-3x=-27$,　$\boxed{x=9}$

(9)　$3x^2-x-1=0$,　$x=\dfrac{-(-1)\pm\sqrt{(-1)^2-4\times3\times(-1)}}{2\times3}=\dfrac{1\pm\sqrt{1-(-12)}}{6}$

$=\boxed{\dfrac{1\pm\sqrt{13}}{6}}$

(10)　$(a+4b)-(2a-b)=a+4b-2a+b=-a+5b$ へ，　$a=-1$,　$b=\dfrac{3}{5}$ を代入して，　$-(-1)+5\times\dfrac{3}{5}=1+3=\boxed{4}$

問題１１

(1)　$-2-(-12)=-2+12=\boxed{10}$

(2)　$\dfrac{8}{5}+\dfrac{7}{15}\times(-3)=\dfrac{8}{5}+\left(-\dfrac{7}{5}\right)=\boxed{\dfrac{1}{5}}$

(3)　$8xy^2\div(-2x)=\dfrac{8\boldsymbol{x}\boldsymbol{y}^2}{-2\boldsymbol{x}}=\boxed{-4y^2}$

(4)　$2(x+5y)-3(-x+y)=2x+10y+3x-3y=\boxed{5x+7y}$

(5)　$(x+5)(x+4)=x^2+4x+5x+20=\boxed{x^2+9x+20}$

(6)　$\sqrt{5}+\sqrt{45}=\sqrt{5}+3\sqrt{5}=\boxed{4\sqrt{5}}$

(7) $\dfrac{1}{\sqrt{8}} \times 4\sqrt{6} - \sqrt{27} = \dfrac{4\sqrt{3}}{\sqrt{4}} - 3\sqrt{3} = 2\sqrt{3} - 3\sqrt{3} = \boxed{-\sqrt{3}}$

(8) $0.16x - 0.08 = 0.4$, $16x - 8 = 40$, $16x = 48$, $\boxed{x = 3}$

(9) $2x^2 - x - 2 = 0$, $x = \dfrac{-(-1) \pm \sqrt{(-1)^2 - 4 \times 2 \times (-2)}}{2 \times 2} = \dfrac{1 \pm \sqrt{1 - (-16)}}{4}$

$= \boxed{\dfrac{1 \pm \sqrt{17}}{4}}$

(10) $(2a+b) - (a+4b) = 2a + b - a - 4b = a - 3b$ へ，$a = 3$，$b = \dfrac{1}{3}$ を

代入して，$3 - 3 \times \dfrac{1}{3} = 3 - 1 = \boxed{2}$

問題１２

(1) $4 - (-9) = 4 + 9 = \boxed{13}$

(2) $13 + 3 \times (-2) = 13 + (-6) = 13 - 6 = \boxed{7}$

(3) $3xy^2 \div 15xy = \dfrac{3xy^2}{15xy} = \boxed{\dfrac{1}{5}y}$

(4) $3(a-4b) - (2a+5b) = 3a - 12b - 2a - 5b = \boxed{a - 17b}$

(5) $(a+3)(a-3) = \boxed{a^2 - 9}$

(6) $4\sqrt{3} - \sqrt{12} = 4\sqrt{3} - 2\sqrt{3} = \boxed{2\sqrt{3}}$

(7) $\sqrt{2} \times \sqrt{6} + \dfrac{9}{\sqrt{3}} = \sqrt{12} + \dfrac{9\sqrt{3}}{3} = 2\sqrt{3} + 3\sqrt{3} = \boxed{5\sqrt{3}}$

(8) $1.3x + 0.6 = 0.5x + 3$, $13x + 6 = 5x + 30$, $13x - 5x = 30 - 6$,
$8x = 24$, $\boxed{x = 3}$

(9) $2x^2 + 5x - 1 = 0$, $x = \dfrac{-5 \pm \sqrt{5^2 - 4 \times 2 \times (-1)}}{2 \times 2} = \dfrac{-5 \pm \sqrt{25 - (-8)}}{4}$

$= \boxed{\dfrac{-5 \pm \sqrt{33}}{4}}$

(10)　$2(x-5y)+5(2x+3y)=2x-10y+10x+15y=12x+5y$ へ，$x=$

$\dfrac{1}{2}$，$y=-3$ を代入して，$12\times\dfrac{1}{2}+5\times(-3)=6+(-15)=\boxed{-9}$

問題１３

(1)　$1-(-3)=1+3=\boxed{4}$

(2)　$6-(-4)\div2=6-(-2)=6+2=\boxed{8}$

(3)　$12ab^3\div4ab=\dfrac{12\boldsymbol{ab}^3}{4\boldsymbol{ab}}=\boxed{3b^2}$

(4)　$3(4x+y)-5(x-2y)=12x+3y-5x+10y=\boxed{7x+13y}$

(5)　$(x+3)^2=\boxed{x^2+6x+9}$

(6)　$5\sqrt{3}-\sqrt{27}=5\sqrt{3}-3\sqrt{3}=\boxed{2\sqrt{3}}$

(7)　$\dfrac{\sqrt{10}}{4}\times\sqrt{5}+\dfrac{3}{\sqrt{8}}=\dfrac{\sqrt{50}}{4}+\dfrac{3}{2\sqrt{2}}=\dfrac{5\sqrt{2}}{4}+\dfrac{3\sqrt{2}}{4}=\dfrac{8\sqrt{2}}{4}$

$=\boxed{2\sqrt{2}}$

(8)　$\dfrac{5\boldsymbol{x}-2}{4}=7$，$5x-2=28$，$5x=30$，$\boxed{x=6}$

(9)　$2x^2+3x-4=0$，$x=\dfrac{-3\pm\sqrt{3^2-4\times2\times(-4)}}{2\times2}=\dfrac{-3\pm\sqrt{9-(-32)}}{4}$

$=\boxed{\dfrac{-3\pm\sqrt{41}}{4}}$

(10)　$3a+b$ へ $a=-2$，$b=9$ を代入して，$3\times(-2)+9=-6+9$

$=\boxed{3}$

問題１４

(1)　$2-11+5=\boxed{-4}$

(2)　$-8+27\div(-9)=-8+(-3)=-8-3=\boxed{-11}$

(3)　$15xy\div5x=\dfrac{15\boldsymbol{xy}}{5\boldsymbol{x}}=\boxed{3y}$

(4)　$2(3a-b)-(a-5b)=6a-2b-a+5b=\boxed{5a+3b}$

(5)　$(x-6y)^2=\boxed{x^2-12xy+36y^2}$

(6) $\sqrt{12} + \sqrt{27} = 2\sqrt{3} + 3\sqrt{3} = \boxed{5\sqrt{3}}$

(7) $\sqrt{6} \times \sqrt{8} - \dfrac{9}{\sqrt{3}} = \sqrt{48} - \dfrac{9\sqrt{3}}{3} = 4\sqrt{3} - 3\sqrt{3} = \boxed{\sqrt{3}}$

(8) $\begin{cases} y = x - 6 \cdots ① \\ 3x + 4y = 11 \cdots ② \end{cases}$, ②へ①を代入して，$3x + 4(x-6) = 11$,

$3x + 4x - 24 = 11$, $7x = 11 + 24$, $7x = 35$, $x = 5$, ①へ代入して，

$y = 5 - 6 = -1$, $\boxed{\begin{cases} x = 5 \\ y = -1 \end{cases}}$

(9) $2x^2 + 5x + 1 = 0$, $x = \dfrac{-5 \pm \sqrt{5^2 - 4 \times 2 \times 1}}{2 \times 2} = \dfrac{-5 \pm \sqrt{25-8}}{4} = \boxed{\dfrac{-5 \pm \sqrt{17}}{4}}$

(10) $a^2 - 8b$ へ $a = -6$, $b = 5$ を代入して，$(-6)^2 - 8 \times 5 = 36 - 40$
$= \boxed{-4}$

問題１５

(1) $-7 - (-2) - 1 = -7 + 2 - 1 = \boxed{-6}$

(2) $9 + 2 \times (-3) = 9 + (-6) = 9 - 6 = \boxed{3}$

(3) $48x^3 \div 8x = \dfrac{48x^3}{8x} = \boxed{6x^2}$

(4) $2(2x+y) - (x-5y) = 4x + 2y - x + 5y = \boxed{3x + 7y}$

(5) $(2x+y)^2 = \boxed{4x^2 + 4xy + y^2}$

(6) $\sqrt{48} - \sqrt{3} + \sqrt{12} = 4\sqrt{3} - \sqrt{3} + 2\sqrt{3} = \boxed{5\sqrt{3}}$

(7) $\dfrac{\sqrt{2}+1}{3} - \dfrac{1}{\sqrt{2}} = \dfrac{\sqrt{2}+1}{3} - \dfrac{\sqrt{2}}{2} = \dfrac{2(\sqrt{2}+1)}{6} - \dfrac{3\sqrt{2}}{6}$

$= \dfrac{2\sqrt{2}+2-3\sqrt{2}}{6} = \boxed{\dfrac{2-\sqrt{2}}{6}}$

(8) $\begin{cases} x = 4y + 1 \cdots ① \\ 2x - 5y = 8 \cdots ② \end{cases}$, ②へ①を代入して，$2(4y+1) - 5y = 8$,

$8y + 2 - 5y = 8$, $8y - 5y = 8 - 2$, $3y = 6$, $y = 2$, ①へ代入して，

$x = 4 \times 2 + 1 = 8 + 1 = 9$, $\boxed{\begin{cases} x = 9 \\ y = 2 \end{cases}}$

124

(9) $2x^2-3x-1=0$, $x=\dfrac{-(-3)\pm\sqrt{(-3)^2-4\times2\times(-1)}}{2\times2}=\dfrac{3\pm\sqrt{9-(-8)}}{4}$

$=\boxed{\dfrac{3\pm\sqrt{17}}{4}}$

(10) $2a^2b^3\div ab=\dfrac{2a^2b^3}{ab}=2ab^2$ へ、$a=3$, $b=-2$ を代入して、

$2\times3\times(-2)^2=2\times3\times4=\boxed{24}$

問題１６

(1) $-5+1-(-12)=-5+1+12=\boxed{8}$

(2) $8+12\div(-4)=8+(-3)=8-3=\boxed{5}$

(3) $28x^3y^2\div4x^2y=\dfrac{28x^3y^2}{4x^2y}=\boxed{7xy}$

(4) $3(-x+y)-(2x-y)=-3x+3y-2x+y=\boxed{-5x+4y}$

(5) $(x-2)^2+3(x-1)=x^2-4x+4+3x-3=\boxed{x^2-x+1}$

(6) $\sqrt{45}-\sqrt{5}+\sqrt{20}=3\sqrt{5}-\sqrt{5}+2\sqrt{5}=\boxed{4\sqrt{5}}$

(7) $\sqrt{7}(9-\sqrt{21})-\sqrt{27}=9\sqrt{7}-\sqrt{7}\times(\sqrt{7}\times\sqrt{3})-3\sqrt{3}$

$=9\sqrt{7}-7\sqrt{3}-3\sqrt{3}=\boxed{9\sqrt{7}-10\sqrt{3}}$

(8) $\begin{cases}x+3y=1\cdots① \\ y=2x-9\cdots②\end{cases}$, ①へ②を代入して、$x+3(2x-9)=1$,

$x+6x-27=1$, $7x=28$, $x=4$, ②へ代入して、$y=2\times4-9=-1$,

$\boxed{\begin{cases}x=4 \\ y=-1\end{cases}}$

(9) $2x^2-3x-3=0$, $x=\dfrac{-(-3)\pm\sqrt{(-3)^2-4\times2\times(-3)}}{2\times2}=\dfrac{3\pm\sqrt{9-(-24)}}{4}$

$=\boxed{\dfrac{3\pm\sqrt{33}}{4}}$

(10) $(2x-y-6)+3(x+y+2)=2x-y-6+3x+3y+6=5x+2y$ へ、

$x=-2$, $y=3$ を代入して、$5\times(-2)+2\times3=-10+6=\boxed{-4}$

問題１７

(1)　$-8-(-2)+3=-8+2+3=\boxed{-3}$

(2)　$4+3\times(-2)=4+(-6)=4-6=\boxed{-2}$

(3)　$8a^3b^2\div6ab=\dfrac{8a^3b^2}{6ab}=\boxed{\dfrac{4}{3}a^2b}$

(4)　$7(2x-y)-(x-5y)=14x-7y-x+5y=\boxed{13x-2y}$

(5)　$(x+1)^2+x(x-2)=x^2+2x+1+x^2-2x=\boxed{2x^2+1}$

(6)　$6\sqrt{2}-\sqrt{18}+\sqrt{8}=6\sqrt{2}-3\sqrt{2}+2\sqrt{2}=\boxed{5\sqrt{2}}$

(7)　$(\sqrt{5}+3)(\sqrt{5}-2)=5-2\sqrt{5}+3\sqrt{5}-6=\boxed{\sqrt{5}-1}$

(8)　$\begin{cases}4x-3y=10\cdots① \\ 3x+2y=-1\cdots②\end{cases}$, ①×2, ②×3 をして, $\begin{cases}8x-6y=20 \\ 9x+6y=-3\end{cases}$,

2 式の和から, $17x=17$, $x=1$, ②へ代入して, $3\times1+2y=-1$,

$3+2y=-1$, $2y=-1-3$, $2y=-4$, $y=-2$, $\boxed{\begin{cases}x=1 \\ y=-2\end{cases}}$

(9)　$4x^2+6x-1=0$, $x=\dfrac{-6\pm\sqrt{6^2-4\times4\times(-1)}}{2\times4}=\dfrac{-6\pm\sqrt{36-(-16)}}{8}$

$=\dfrac{-6\pm\sqrt{52}}{8}=\dfrac{-6\pm2\sqrt{13}}{8}=\boxed{\dfrac{-3\pm\sqrt{13}}{4}}$

(10)　$(7x-3y)-(2x+5y)=7x-3y-2x-5y=5x-8y$ へ, $x=\dfrac{1}{5}$, $y=$

$-\dfrac{3}{4}$ を代入して, $5\times\dfrac{1}{5}-8\times(-\dfrac{3}{4})=1-(-6)=1+6=\boxed{7}$

問題１８

(1)　$7-(-3)-3=7+3-3=\boxed{7}$

(2)　$\dfrac{1}{2}+\dfrac{7}{9}\div\dfrac{7}{3}=\dfrac{1}{2}+\dfrac{7}{9}\times\dfrac{3}{7}=\dfrac{1}{2}+\dfrac{1}{3}=\dfrac{3}{6}+\dfrac{2}{6}=\boxed{\dfrac{5}{6}}$

(3)　$(-6ab)^2\div4ab^2=36a^2b^2\div4ab^2=\dfrac{36a^2b^2}{4ab^2}=\boxed{9a}$

(4)　$2(5a-b)-3(3a-2b)=10a-2b-9a+6b=\boxed{a+4b}$

126

(5)　$a(a+2)+(a+1)(a-3)=a^2+2a+a^2-2a-3=\boxed{2a^2-3}$

(6)　$\dfrac{12}{\sqrt{6}}-3\sqrt{6}=\dfrac{12\sqrt{6}}{6}-3\sqrt{6}=2\sqrt{6}-3\sqrt{6}=\boxed{-\sqrt{6}}$

(7)　$(\sqrt{5}-\sqrt{2})(\sqrt{2}+\sqrt{5})=(\sqrt{5}-\sqrt{2})(\sqrt{5}+\sqrt{2})=5-2=\boxed{3}$

(8)　$\begin{cases}5x+2y=4\cdots① \\ 3x-y=9\cdots②\end{cases}$，②×2 として，$\begin{cases}5x+2y=4 \\ 6x-2y=18\end{cases}$，2 式の和か

ら，$11x=22$，$x=2$，①へ代入して，$5\times2+2y=4$，$10+2y=4$，

$2y=4-10$，$2y=-6$，$y=-3$，$\boxed{\begin{cases}x=2 \\ y=-3\end{cases}}$

(9)　$4x^2-x-2=0$，$x=\dfrac{-(-1)\pm\sqrt{(-1)^2-4\times4\times(-2)}}{2\times4}=\dfrac{1\pm\sqrt{1-(-32)}}{8}$

$=\boxed{\dfrac{1\pm\sqrt{33}}{8}}$

(10)　$-4\mathrm{A}+3\mathrm{B}+2\mathrm{A}=-2\mathrm{A}+3\mathrm{B}=-2(4x-1)+3(-2x+3)$

$=-8x+2-6x+9=\boxed{-14x+11}$

問題１9

(1)　$3+(-6)-(-8)=3-6+8=\boxed{5}$

(2)　$-9+8\div4=-9+2=\boxed{-7}$

(3)　$\dfrac{15}{2}x^3y^2\div\dfrac{5}{8}xy^2=\dfrac{15x^3y^2}{2}\div\dfrac{5xy^2}{8}=\dfrac{15x^3y^2}{2}\times\dfrac{8}{5xy^2}=\boxed{12x^2}$

(4)　$6(\dfrac{2}{3}a-\dfrac{3}{2}b)-(a-3b)=(4a-9b)-(a-3b)=4a-9b-a+3b$

$=\boxed{3a-6b}$

(5)　$(a-3)(a+3)+(a+4)(a+6)=a^2-9+a^2+10a+24$

$=\boxed{2a^2+10a+15}$

(6)　$\dfrac{18}{\sqrt{2}}-\sqrt{32}=\dfrac{18\sqrt{2}}{2}-4\sqrt{2}=9\sqrt{2}-4\sqrt{2}=\boxed{5\sqrt{2}}$

(7)　$(\sqrt{3}+2\sqrt{7})(2\sqrt{3}-\sqrt{7})=6-\sqrt{21}+4\sqrt{21}-14=\boxed{3\sqrt{21}-8}$

(8) $\begin{cases} 7x-3y=11\cdots① \\ 3x-2y=-1\cdots② \end{cases}$, ①×2, ②×3 より, $\begin{cases} 14x-6y=22 \\ 9x-6y=-3 \end{cases}$, 2式

の差から, $5x=25$, $x=5$, ②へ代入して, $3×5-2y=-1$,

$15-2y=-1$, $-2y=-1-15$, $-2y=-16$, $y=8$, $\boxed{\begin{cases} x=5 \\ y=8 \end{cases}}$

(9) $2x^2-5x-1=0$, $x=\dfrac{-(-5)\pm\sqrt{(-5)^2-4×2×(-1)}}{2×2}=\dfrac{5\pm\sqrt{25-(-8)}}{4}$

$=\boxed{\dfrac{5\pm\sqrt{33}}{4}}$

(10) それぞれを平方すれば, $(3\sqrt{2})^2=18$, $(2\sqrt{3})^2=12$, $4^2=16$
だから, $\boxed{最も大きい数\cdots3\sqrt{2}, 最も小さい数\cdots2\sqrt{3}}$

問題２０

(1) $(-21)÷7=\boxed{-3}$

(2) $6+3×(-5)=6+(-15)=6-15=\boxed{-9}$

(3) $20xy^2÷(-4xy)=\dfrac{20xy^2}{-4xy}=\boxed{-5y}$

(4) $5(a-2b)-2(2a-3b)=5a-10b-4a+6b=\boxed{a-4b}$

(5) $(x+1)(x-5)+(x+2)^2=x^2-4x-5+x^2+4x+4=\boxed{2x^2-1}$

(6) $\sqrt{18}-\dfrac{4}{\sqrt{2}}=3\sqrt{2}-\dfrac{4\sqrt{2}}{2}=3\sqrt{2}-2\sqrt{2}=\boxed{\sqrt{2}}$

(7) $(\sqrt{5}-\sqrt{3})(\sqrt{20}+\sqrt{12})=(\sqrt{5}-\sqrt{3})×\sqrt{4}(\sqrt{5}+\sqrt{3})$
$=2(\sqrt{5}-\sqrt{3})(\sqrt{5}+\sqrt{3})=2×(5-3)=2×2=\boxed{4}$

(8) $\begin{cases} 7x+y=19\cdots① \\ 5x+y=11\cdots② \end{cases}$, 2式の差から, $2x=8$, $x=4$, ②へ代入し

て, $5×4+y=11$, $y=11-20$, $y=-9$, $\boxed{\begin{cases} x=4 \\ y=-9 \end{cases}}$

(9) $3x^2+3x-1=0$, $x=\dfrac{-3\pm\sqrt{3^2-4×3×(-1)}}{2×3}=\dfrac{-3\pm\sqrt{9-(-12)}}{6}$

$= \boxed{\dfrac{-3\pm\sqrt{21}}{6}}$

(10)　$-3=-\sqrt{9}$，　$-2\sqrt{2}=-\sqrt{8}$ で，　$-\sqrt{9}<-\sqrt{8}$ だから，

$\boxed{-3<-2\sqrt{2}}$

問題２１

(1)　$\dfrac{7}{6}\times(-12)=\boxed{-14}$

(2)　$3-24\div(-4)=3-(-6)=3+6=\boxed{9}$

(3)　$4ab^2\div\dfrac{3}{2}b=4ab^2\div\dfrac{3b}{2}=4ab^2\times\dfrac{2}{3b}=\boxed{\dfrac{8}{3}ab}$

(4)　$3(5x+2y)-4(3x-y)=15x+6y-12x+4y=\boxed{3x+10y}$

(5)　$(2x-3)^2-4x(x-1)=4x^2-12x+9-4x^2+4x=\boxed{-8x+9}$

(6)　$7\sqrt{3}-\dfrac{9}{\sqrt{3}}=7\sqrt{3}-\dfrac{9\sqrt{3}}{3}=7\sqrt{3}-3\sqrt{3}=\boxed{4\sqrt{3}}$

(7)　$(\sqrt{8}+1)(\sqrt{2}-1)=4-\sqrt{8}+\sqrt{2}-1=3-2\sqrt{2}+\sqrt{2}=\boxed{3-\sqrt{2}}$

(8)　$\begin{cases}x+y=13\cdots① \\ 3x-2y=9\cdots②\end{cases}$，　①×２ より，　$\begin{cases}2x+2y=26 \\ 3x-2y=9\end{cases}$，　２式の和から，

$5x=35$，　$x=7$，　①へ代入して，　$7+y=13$，　$y=6$，　$\boxed{\begin{array}{l}x=7 \\ y=6\end{array}}$

(9)　$2x^2+9x+8=0$，　$x=\dfrac{-9\pm\sqrt{9^2-4\times2\times8}}{2\times2}=\dfrac{-9\pm\sqrt{81-64}}{4}$

$=\boxed{\dfrac{-9\pm\sqrt{17}}{4}}$

(10)　それぞれを平方して，7.29，$5\dfrac{4}{9}$，9，6 だから，9 が最も大

きく$\boxed{-3}$

問題２２

(1)　$(-0.4)\times\dfrac{3}{10}=(-0.4)\times0.3=\boxed{-0.12}$

(2) $8-6\div(-2)=8-(-3)=8+3=\boxed{11}$

(3) $\dfrac{15}{8}x^2y\div(-\dfrac{5}{6}x)=\dfrac{15x^2y}{8}\div\dfrac{-5x}{6}=\dfrac{15x^2y}{8}\times\dfrac{6}{-5x}=\boxed{-\dfrac{9}{4}xy}$

(4) $2(x+3y)-(x-2y)=2x+6y-x+2y=\boxed{x+8y}$

(5) $(x+y)^2-x(x+2y)=x^2+2xy+y^2-x^2-2xy=\boxed{y^2}$

(6) $\sqrt{24}-\dfrac{2\sqrt{3}}{\sqrt{2}}=2\sqrt{6}-\dfrac{2\sqrt{6}}{2}=2\sqrt{6}-\sqrt{6}=\boxed{\sqrt{6}}$

(7) $(\sqrt{6}+\sqrt{2})(\sqrt{6}-\sqrt{2})=6-2=\boxed{4}$

(8) $\begin{cases}x-3y=5\cdots① \\ 3x+5y=1\cdots②\end{cases}$, ①×3 として, $\begin{cases}3x-9y=15\cdots① \\ 3x+5y=1\cdots②\end{cases}$, 2式の差か

ら, $-14y=14$, $y=-1$, ①へ代入して, $x-3\times(-1)=5$,

$x+3=5$, $x=5-3$, $x=2$, $\begin{cases}x=2 \\ y=-1\end{cases}$

(9) $2x^2+5x-2=0$, $x=\dfrac{-5\pm\sqrt{5^2-4\times2\times(-2)}}{2\times2}=\dfrac{-5\pm\sqrt{25-(-16)}}{4}$

$=\boxed{\dfrac{-5\pm\sqrt{41}}{4}}$

(10) $2023=7\times17\times17$ からその約数は, 1, 7, 17, 7×17,

17×17, 7×17×17 の6個, よって, 17×17$=\boxed{289}$

問題2 3

(1) $-\dfrac{3}{4}\times\dfrac{2}{15}=\boxed{-\dfrac{1}{10}}$

(2) $\dfrac{10}{3}+2\div(-\dfrac{3}{4})=\dfrac{10}{3}+2\times(-\dfrac{4}{3})=\dfrac{10}{3}+(-\dfrac{8}{3})=\dfrac{10}{3}-\dfrac{8}{3}=\boxed{\dfrac{2}{3}}$

(3) $8a^2b^3\div(-2ab)^2=8a^2b^3\div4a^2b^2=\dfrac{8a^2b^3}{1}\div\dfrac{4a^2b^2}{1}$

$=\dfrac{8a^2b^3}{1}\times\dfrac{1}{4a^2b^2}=\boxed{2b}$

(4) $2(5a+4b)-(a-6b)=10a+8b-a+6b=\boxed{9a+14b}$

(5)　$(x+2)(x-5)-2(x-1)=x^2-3x-10-2x+2=\boxed{x^2-5x-8}$

(6)　$\sqrt{54}+\dfrac{12}{\sqrt{6}}=3\sqrt{6}+\dfrac{12\sqrt{6}}{6}=3\sqrt{6}+2\sqrt{6}=\boxed{5\sqrt{6}}$

(7)　$(\sqrt{6}-1)(2\sqrt{6}+9)=12+9\sqrt{6}-2\sqrt{6}-9=\boxed{3+7\sqrt{6}}$

(8)　$\begin{cases}3x-y=17\cdots① \\ 2x-3y=30\cdots②\end{cases}$，　$①\times3$ より，　$\begin{cases}9x-3y=51 \\ 2x-3y=30\end{cases}$，2 式の差から，

$7x=21$，$x=3$，①へ代入して，$3\times3-y=17$，$9-y=17$，$-8=y$，

$\boxed{\begin{cases}x=3 \\ y=-8\end{cases}}$

(9)　$2x^2-3x-1=0$，$x=\dfrac{-(-3)\pm\sqrt{(-3)^2-4\times2\times(-1)}}{2\times2}=\dfrac{3\pm\sqrt{9-(-8)}}{4}$

$=\boxed{\dfrac{3\pm\sqrt{17}}{4}}$

(10)　1 から 99 までに 3 の倍数は，$99\div3=33$（個）あって，そこから 1 けたの 3 の倍数 $9\div3=3$（個）を除いて，$33-3=\boxed{30（個）}$

問題 24

(1)　$-\dfrac{2}{3}\div\dfrac{8}{9}=-\dfrac{2}{3}\times\dfrac{9}{8}=\boxed{-\dfrac{3}{4}}$

(2)　$12-6\div(-3)=12-(-2)=12+2=\boxed{14}$

(3)　$6a^2b^3\div\dfrac{3}{5}ab^2=\dfrac{6a^2b^3}{1}\div\dfrac{3ab^2}{5}=\dfrac{6a^2b^3}{1}\times\dfrac{5}{3ab^2}=\boxed{10ab}$

(4)　$(-3a-5)-(5-3a)=-3a-5-5+3a=\boxed{-10}$

(5)　$(x-2)(x-5)-(x-3)^2=(x^2-7x+10)-(x^2-6x+9)$

$=x^2-7x+10-x^2+6x-9=\boxed{-x+1}$

(6)　$\dfrac{9}{\sqrt{3}}-\sqrt{12}=\dfrac{9\sqrt{3}}{3}-2\sqrt{3}=3\sqrt{3}-2\sqrt{3}=\boxed{\sqrt{3}}$

(7)　$(\sqrt{5}-\sqrt{2})(\sqrt{20}+\sqrt{8})=(\sqrt{5}-\sqrt{2})(2\sqrt{5}+2\sqrt{2})$

$=(\sqrt{5}-\sqrt{2})\times2(\sqrt{5}+\sqrt{2})=2(\sqrt{5}-\sqrt{2})(\sqrt{5}+\sqrt{2})=2\times(5-2)$

$=2\times3=\boxed{6}$

(8) $\begin{cases} 2x+y=5\cdots① \\ x-4y=7\cdots② \end{cases}$, ①×4 より, $\begin{cases} 8x+4y=20\cdots① \\ x-4y=7\cdots② \end{cases}$, 2式の和か

ら, $9x=27$, $x=3$, ①へ代入して, $2\times3+y=5$, $y=5-6$,

$y=-1$, $\boxed{\begin{cases} x=3 \\ y=-1 \end{cases}}$

(9) $2x^2-5x+1=0$, $x=\dfrac{-(-5)\pm\sqrt{(-5)^2-4\times2\times1}}{2\times2}=\dfrac{5\pm\sqrt{25-8}}{4}$

$=\boxed{\dfrac{5\pm\sqrt{17}}{4}}$

(10) $148-4=144$, $245-5=240$ だから, 144 と 240 の公約数のう

ち5より大きい数を考えればよく, 6, 8, 12, 16, 24, 48の $\boxed{6個}$

問題25

(1) $27\times(-\dfrac{5}{9})=\boxed{-15}$

(2) $8+(-3)\times2=8+(-6)=8-6=\boxed{2}$

(3) $a^3\times ab^2\div a^3b=\dfrac{a^3}{1}\times\dfrac{ab^2}{1}\div\dfrac{a^3b}{1}=\dfrac{a^3}{1}\times\dfrac{ab^2}{1}\times\dfrac{1}{a^3b}=\boxed{ab}$

(4) $3(3a+b)-2(4a-3b)=9a+3b-8a+6b=\boxed{a+9b}$

(5) $(x+1)(x-1)-(x+3)(x-8)=(x^2-1)-(x^2-5x-24)$

$=x^2-1-x^2+5x+24=\boxed{5x+23}$

(6) $\dfrac{8}{\sqrt{2}}-3\sqrt{2}=\dfrac{8\sqrt{2}}{2}-3\sqrt{2}=4\sqrt{2}-3\sqrt{2}=\boxed{\sqrt{2}}$

(7) $(\sqrt{6}+\sqrt{2})(\sqrt{6}-\sqrt{2})=6-2=\boxed{4}$

(8) $\begin{cases} 3x+5y=2\cdots① \\ -2x+9y=11\cdots② \end{cases}$, ①×2, ②×3, $\begin{cases} 6x+10y=4 \\ -6x+27y=33 \end{cases}$, 2式の和

から, $37y=37$, $y=1$, ①へ代入して, $3x+5\times1=2$, $3x=2-5$,

$3x=-3$, $x=-1$, $\boxed{\begin{cases} x=-1 \\ y=1 \end{cases}}$

(9) $3x^2-36=0$, $x^2-12=0$, $x^2=12$, $\boxed{x=\pm2\sqrt{3}}$

(10) $x=2$ を代入して，$3×2+2a=5-a×2$，$4a=-1$，$\boxed{a=-\dfrac{1}{4}}$

問題26

(1) $(-12)÷\dfrac{4}{3}=(-12)×\dfrac{3}{4}=\boxed{-9}$

(2) $6+8×(-3)=6+(-24)=6-24=\boxed{-18}$

(3) $12x^2y÷3x×2y=\dfrac{12x^2y}{1}÷\dfrac{3x}{1}×\dfrac{2y}{1}=\dfrac{12x^2y}{1}×\dfrac{1}{3x}×\dfrac{2y}{1}$

$=\boxed{8xy^2}$

(4) $2(3a-2b)-2(4a-3b)=6a-4b-8a+6b=\boxed{-2a+2b}$

(5) $(x+2)(x+8)-(x+4)(x-4)=(x^2+10x+16)-(x^2-16)$

$=x^2+10x+16-x^2+16=\boxed{10x+32}$

(6) $\dfrac{9}{\sqrt{3}}-\sqrt{48}=\dfrac{9\sqrt{3}}{3}-4\sqrt{3}=3\sqrt{3}-4\sqrt{3}=\boxed{-\sqrt{3}}$

(7) $(2\sqrt{5}+\sqrt{3})(2\sqrt{5}-\sqrt{3})=(2\sqrt{5})^2-(\sqrt{3})^2=20-3=\boxed{17}$

(8) $\begin{cases}2x+3y=1\cdots① \\ 8x+9y=7\cdots②\end{cases}$，①×3 から，$\begin{cases}6x+9y=3\cdots① \\ 8x+9y=7\cdots②\end{cases}$，2式の差か

ら，$-2x=-4$，$x=2$，①へ代入して，$2×2+3y=1$，$3y=1-4$，

$3y=-3$，$y=-1$，$\boxed{\begin{cases}x=2 \\ y=-1\end{cases}}$

(9) $5x^2+4x-1=0$，$x=\dfrac{-4±\sqrt{4^2-4×5×(-1)}}{2×5}=\dfrac{-4±\sqrt{16-(-20)}}{10}$

$=\dfrac{-4±\sqrt{36}}{10}=\dfrac{-4±6}{10}$，$x=\dfrac{-4+6}{10}=\dfrac{2}{10}=\dfrac{1}{5}$，$x=\dfrac{-4-6}{10}=-\dfrac{10}{10}$

$=-1$，$\boxed{x=\dfrac{1}{5}，-1}$

(10)　$x=-6$, $y=1$ を代入して，$\begin{cases} -6a+b=-11\cdots① \\ -6b-a=-8\cdots② \end{cases}$，①×6 よ

り，$\begin{cases} -36a+6b=-66 \\ -a-6b=-8 \end{cases}$，2 式の和から，$-37a=-74$，$a=2$，①へ

代入して，$-6×2+b=-11$，$b=-11+12$，$b==1$，$\begin{cases} a=2 \\ b=1 \end{cases}$

問題 2 7

(1)　$14÷\left(-\dfrac{7}{2}\right)=14×\left(-\dfrac{2}{7}\right)=\boxed{-4}$

(2)　$6-4×(-2)=6-(-8)=6+8=\boxed{14}$

(3)　$12xy÷6y×(-3x)=\dfrac{12xy}{1}÷\dfrac{6y}{1}×\dfrac{-3x}{1}=\dfrac{12xy}{1}×\dfrac{1}{6y}×\dfrac{-3x}{1}$

$=\boxed{-6x^2}$

(4)　$2(x+3y)-(5x-4y)=2x+6y-5x+4y=\boxed{-3x+10y}$

(5)　$(a+3)^2-(a+4)(a-4)=(a^2+6a+9)-(a^2-16)$

$=a^2+6a+9-a^2+16=\boxed{6a+25}$

(6)　$\sqrt{45}+\dfrac{10}{\sqrt{5}}=3\sqrt{5}+\dfrac{10\sqrt{5}}{5}=3\sqrt{5}+2\sqrt{5}=\boxed{5\sqrt{5}}$

(7)　$(\sqrt{3}+2)(\sqrt{3}-5)=3-5\sqrt{3}+2\sqrt{3}-10=\boxed{-7-3\sqrt{3}}$

(8)　$\begin{cases} x+3y=21\cdots① \\ 2x-y=7\cdots② \end{cases}$，②×3 として，$\begin{cases} x+3y=21 \\ 6x-3y=21 \end{cases}$，2 式の和か

ら，$7x=42$，$x=6$，①へ代入して，$6+3y=21$，$3y=21-6$，

$3y=15$，$y=5$，$\begin{cases} x=6 \\ y=5 \end{cases}$

(9)　$2x^2+7x+1=0$，$x=\dfrac{-7±\sqrt{7^2-4×2×1}}{2×2}=\dfrac{-7±\sqrt{49-8}}{4}$

$=\boxed{\dfrac{-7±\sqrt{41}}{4}}$

(10)　$x=1$，$y=-1$ を代入して，$\begin{cases} -a-3=2\cdots① \\ 2b-a=-1\cdots② \end{cases}$，①より，

$-a=2+3$，$-a=5$，$a=-5$，②へ代入して，$2b-(-5)=-1$，

$2b+5=-1$，$2b=-6$，$b=-3$，$\boxed{\begin{cases} a=-5 \\ b=-3 \end{cases}}$

問題２８

(1)　$-\dfrac{3}{4}+\dfrac{5}{6}=-\dfrac{9}{12}+\dfrac{10}{12}=\boxed{\dfrac{1}{12}}$

(2)　$7-3\times(-5)=7-(-15)=7+15=\boxed{22}$

(3)　$12x^2y\div4x^2\times3xy=\dfrac{12x^2y}{1}\div\dfrac{4x^2}{1}\times\dfrac{3xy}{1}$

$=\dfrac{12x^2y}{1}\times\dfrac{1}{4x^2}\times\dfrac{3xy}{1}=\boxed{9xy^2}$

(4)　$\dfrac{x-y}{4}+\dfrac{x+2y}{3}=\dfrac{3(x-y)}{12}+\dfrac{4(x+2y)}{12}=\dfrac{3(x-y)+4(x+2y)}{12}$

$=\dfrac{3x-3y+4x+8y}{12}=\boxed{\dfrac{7x+5y}{12}}$

(5)　$(3x+1)(x-4)-(x-3)^2=3x^2-12x+x-4-(x^2-6x+9)$
$=3x^2-11x-4-x^2+6x-9=\boxed{2x^2-5x-13}$

(6)　$\dfrac{5}{\sqrt{5}}+\sqrt{20}=\sqrt{5}+2\sqrt{5}=\boxed{3\sqrt{5}}$

(7)　$(\sqrt{6}-1)(\sqrt{6}+5)=6+5\sqrt{6}-\sqrt{6}-5=\boxed{1+4\sqrt{6}}$

(8)　$\begin{cases} 2x+5y=-2\cdots① \\ 3x-2y=16\cdots② \end{cases}$，①×2，②×5 として，$\begin{cases} 4x+10y=-4 \\ 15x-10y=80 \end{cases}$，

2式の和から，$19x=76$，$x=4$，①へ代入して，$2\times4+5y=-2$，

$8+5y=-2$，$5y=-10$，$y=-2$，$\boxed{\begin{cases} x=4 \\ y=-2 \end{cases}}$

(9)　$x^2+7x=2x+24$，$x^2+5x-24=0$，$(x+8)(x-3)=0$，$\boxed{x=-8,\ 3}$

(10) $a=-1$ を代入して，$x^2+3\times(-1)\times x+(-1)^2-7=0$,
$x^2-3x+1-7=0$, $x^2-3x-6=0$ を解いて，

$$x=\frac{-(-3)\pm\sqrt{(-3)^2-4\times1\times(-6)}}{2\times1}=\frac{3\pm\sqrt{9-(-24)}}{2}=\boxed{\frac{3\pm\sqrt{33}}{2}}$$

問題２９

(1) $-15\div(-\frac{5}{3})=-15\times(-\frac{3}{5})=\boxed{9}$

(2) $2\times4^2=2\times16=\boxed{32}$

(3) $3ab^2\times(-4a^2)\div6b=\frac{3ab^2}{1}\times\frac{-4a^2}{1}\div\frac{6b}{1}$

$=\frac{3ab^2}{1}\times\frac{-4a^2}{1}\times\frac{1}{6b}=\boxed{-2a^3b}$

(4) $\frac{x+3y}{4}+\frac{7x-5y}{8}=\frac{2(x+3y)}{8}+\frac{7x-5y}{8}=\frac{2(x+3y)+(7x-5y)}{8}$

$=\frac{2x+6y+7x-5y}{8}=\boxed{\frac{9x+y}{8}}$

(5) $x^2-6x+9=\boxed{(x-3)^2}$

(6) $\frac{9}{\sqrt{3}}-\sqrt{12}=\frac{9\sqrt{3}}{3}-2\sqrt{3}=3\sqrt{3}-2\sqrt{3}=\boxed{\sqrt{3}}$

(7) $\sqrt{8}-\sqrt{3}(\sqrt{6}-\sqrt{27})=2\sqrt{2}-\sqrt{18}+9=2\sqrt{2}-3\sqrt{2}+9$
$=\boxed{-\sqrt{2}+9}$

(8) $\begin{cases}x-y=5\cdots① \\ 2x+3y=-5\cdots②\end{cases}$, ①×3 より，$\begin{cases}3x-3y=15 \\ 2x+3y=-5\end{cases}$, 2式の和か

ら，$5x=10$, $x=2$, ②へ代入して，$2\times2+3y=-5$, $3y=-5-4$,

$3y=-9$, $y=-3$, $\boxed{\begin{cases}x=2 \\ y=-3\end{cases}}$

(9) $(x-7)(x+2)=-9x-13$, $x^2-5x-14=-9x-13$,
$x^2+4x-1=0$, $(x+2)^2-4-1=0$, $(x+2)^2=5$, $x+2=\pm\sqrt{5}$,
$x=\boxed{-2\pm\sqrt{5}}$

136

(10)　$x=3$ を代入して，$-3^2+3a+21=0$，$3a+12=0$，$3a=-12$，$\boxed{a=-4}$

問題３０

(1)　$10\div(-\frac{5}{4})=10\times(-\frac{4}{5})=\boxed{-8}$

(2)　$6-(-3)^2\times2=6-9\times2=6-18=\boxed{-12}$

(3)　$30xy^2\div5x\div3y=\frac{30xy^2}{1}\div\frac{5x}{1}\div\frac{3y}{1}=\frac{30xy^2}{1}\times\frac{1}{5x}\times\frac{1}{3y}$

$=\boxed{2y}$

(4)　$\dfrac{2x-5y}{3}+\dfrac{x+3y}{2}=\dfrac{2(2x-5y)}{6}+\dfrac{3(x+3y)}{6}$

$=\dfrac{2(2x-5y)+3(x+3y)}{6}=\dfrac{4x-10y+3x+9y}{6}=\boxed{\dfrac{7x-y}{6}}$

(5)　$x^2-12x+36=\boxed{(x-6)^2}$

(6)　$\dfrac{9}{\sqrt{3}}-\sqrt{75}=\dfrac{9\sqrt{3}}{3}-5\sqrt{3}=3\sqrt{3}-5\sqrt{3}=\boxed{-2\sqrt{3}}$

(7)　$(2\sqrt{3}-1)^2=12-4\sqrt{3}+1=\boxed{13-4\sqrt{3}}$

(8)　$\begin{cases}4x+3y=-7\cdots① \\ 3x+4y=-14\cdots②\end{cases}$，①×4，②×3 として，

$\begin{cases}16x+12y=-28 \\ 9x+12y=-42\end{cases}$，2式の差から，$7x=14$，$x=2$，①へ代入して，

$4\times2+3y=-7$，$3y=-15$，$y=-5$，$\begin{cases}x=2 \\ y=-5\end{cases}$

(9)　$(x-3)^2=-x+15$，$x^2-6x+9=-x+15$，$x^2-5x-6=0$，

$(x-6)(x+1)=0$，$x=6$，-1

(10)　$x=1$ を代入して，$1^2+a-8=0$，$a-7=0$，$\boxed{a=7}$，また，

$x^2+7x-8=0$ だから，$(x+8)(x-1)=0$，$\boxed{x=-8}$，1

137

問題3 1

(1) $\dfrac{3}{8} \div (-\dfrac{1}{6}) = \dfrac{3}{8} \times (-6) = \boxed{-\dfrac{9}{4}}$

(2) $3+2 \times (-3)^2 = 3+2 \times 9 = 3+18 = \boxed{21}$

(3) $12ab^2 \times 6a \div (-3b) = \dfrac{12ab^2}{1} \times \dfrac{6a}{1} \div \dfrac{-3b}{1}$

$= \dfrac{12ab^2}{1} \times \dfrac{6a}{1} \times \dfrac{1}{-3b} = \boxed{-24a^2b}$

(4) $\dfrac{x+6y}{3} + \dfrac{3x-4y}{2} = \dfrac{2(x+6y)}{6} + \dfrac{3(3x-4y)}{6}$

$= \dfrac{2(x+6y)+3(3x-4y)}{6} = \dfrac{2x+12y+9x-12y}{6} = \boxed{\dfrac{11}{6}x}$

(5) $x^2-5x-6 = \boxed{(x-6)(x+1)}$

(6) $\sqrt{50} - \dfrac{6}{\sqrt{2}} = 5\sqrt{2} - \dfrac{6\sqrt{2}}{2} = 5\sqrt{2} - 3\sqrt{2} = \boxed{2\sqrt{2}}$

(7) $(2+\sqrt{6})^2 = 4+4\sqrt{6}+6 = \boxed{10+4\sqrt{6}}$

(8) $\begin{cases} x-3y=10 \cdots ① \\ 5x+3y=14 \cdots ② \end{cases}$, 2式の和から, $6x=24$, $x=4$, ②へ代入し

て, $5 \times 4+3y=14$, $3y=14-20$, $3y=-6$, $y=-2$, $\boxed{\begin{cases} x=4 \\ y=-2 \end{cases}}$

(9) $(3x+1)(x-2)=x-1$, $3x^2-6x+x-2=x-1$, $3x^2-6x-1=0$,

$x = \dfrac{-(-6)\pm\sqrt{(-6)^2-4\times3\times(-1)}}{2\times3} = \dfrac{6\pm\sqrt{36-(-12)}}{6} = \dfrac{6\pm\sqrt{48}}{6} = \dfrac{6\pm4\sqrt{3}}{6}$

$= \boxed{\dfrac{3\pm2\sqrt{3}}{3}}$

(10) $84n = 2^2 \times 3 \times 7 \times n$ より, $n=3 \times 7 = \boxed{21}$

問題3 2

(1) $\dfrac{2}{5} \div (-\dfrac{1}{10}) = \dfrac{2}{5} \times (-10) = \boxed{-4}$

(2)　$6 \times \dfrac{5}{3} - 5^2 = 10 - 25 = \boxed{-15}$

(3)　$3x^2 y \times 4y^2 \div 6xy = \dfrac{3x^2 y}{1} \times \dfrac{4y^2}{1} \div \dfrac{6xy}{1} = \dfrac{3x^2 y}{1} \times \dfrac{4y^2}{1} \times \dfrac{1}{6xy} =$

$\boxed{2xy^2}$

(4)　$\dfrac{x+5y}{8} + \dfrac{x-y}{2} = \dfrac{(x+5y)}{8} + \dfrac{4(x-y)}{8} = \dfrac{(x+5y)+4(x-y)}{8}$

$= \dfrac{x+5y+4x-4y}{8} = \boxed{\dfrac{5x+y}{8}}$

(5)　$x^2 + 5x - 6 = \boxed{(x+6)(x-1)}$

(6)　$\dfrac{18}{\sqrt{3}} - \sqrt{27} = \dfrac{18\sqrt{3}}{3} - 3\sqrt{3} = 6\sqrt{3} - 3\sqrt{3} = \boxed{3\sqrt{3}}$

(7)　$(\sqrt{2} + \sqrt{5})^2 = 2 + 2\sqrt{10} + 5 = \boxed{7 + 2\sqrt{10}}$

(8)　$\begin{cases} x+4y=5 \cdots ① \\ 4x+7y=-16 \cdots ② \end{cases}$，①×4 として，$\begin{cases} 4x+16y=20 \\ 4x+7y=-16 \end{cases}$，2 式の差

から，$9y=36$，$y=4$，①へ代入して，$x+4\times4=5$，$x=5-16$,

$x=-11$，$\boxed{\begin{cases} x=-11 \\ y=4 \end{cases}}$

(9)　$(x+3)(x-7)+21=0$，$x^2-4x-21+21=0$，$x^2-4x=0$,

$x(x-4)=0$，$\boxed{x=0,\ 4}$

(10)　$n+2$ が $231 = 3\times7\times11$ の約数であればよいから，成り立つ

ものを書き出せば，$\boxed{n=5,\ 19,\ 31}$

問題３３

(1)　$\dfrac{5}{2} + \left(-\dfrac{7}{3}\right) = \dfrac{15}{6} - \dfrac{14}{6} = \boxed{\dfrac{1}{6}}$

(2)　$15 + (-4)^2 \div (-2) = 15 + 16 \div (-2) = 15 + (-8) = 15 - 8 = \boxed{7}$

(3)　$4ac \times 6ab \div 3bc = \dfrac{4ac}{1} \times \dfrac{6ab}{1} \div \dfrac{3bc}{1} = \dfrac{4ac}{1} \times \dfrac{6ab}{1} \times \dfrac{1}{3bc}$

$= \boxed{8a^2}$

(4) $\dfrac{x+2y}{2}+\dfrac{4x-y}{6}=\dfrac{3(x+2y)}{6}+\dfrac{(4x-y)}{6}=\dfrac{3(x+2y)+(4x-y)}{6}$

$=\dfrac{3x+6y+4x-y}{6}=\boxed{\dfrac{7x+5y}{6}}$

(5) $x^2-11x+30=\boxed{(x-5)(x-6)}$

(6) $\sqrt{20}+\dfrac{10}{\sqrt5}=2\sqrt5+\dfrac{10\sqrt5}{5}=2\sqrt5+2\sqrt5=\boxed{4\sqrt5}$

(7) $(1+\sqrt3)^2=1+2\sqrt3+3=\boxed{4+2\sqrt3}$

(8) $\begin{cases}3x+y=8\cdots① \\ x-2y=5\cdots②\end{cases}$, ①×2より, $\begin{cases}6x+2y=16 \\ x-2y=5\end{cases}$, 2式の和から,

$7x=21$, $x=3$, ①へ代入して, $3\times3+y=8$, $9+y=8$, $y=-1$,

$\boxed{\begin{cases}x=3 \\ y=-1\end{cases}}$

(9) $5(2-x)=(x-4)(x+2)$, $10-5x=x^2-2x-8$, $x^2+3x-18=0$,

$(x+6)(x-3)=0$, $\boxed{x=-6,\ 3}$

(10) n は $252=2^2\times3^2\times7$ の約数だから, $\boxed{n=7}$

問題3 4

(1) $-\dfrac{3}{7}+\dfrac{1}{2}=-\dfrac{6}{14}+\dfrac{7}{14}=\boxed{\dfrac{1}{14}}$

(2) $2\times(-3)-4^2=-6-16=\boxed{-22}$

(3) $9x^2y\times4x\div(-8xy)=\dfrac{9x^2y}{1}\times\dfrac{4x}{1}\div\dfrac{-8xy}{1}$

$=\dfrac{9x^2y}{1}\times\dfrac{4x}{1}\times\dfrac{1}{-8xy}=\boxed{-\dfrac{9}{2}x^2}$

(4) $\dfrac{a+2b}{2}-\dfrac{b}{3}=\dfrac{3(a+2b)}{6}-\dfrac{2b}{6}=\dfrac{3(a+2b)-2b}{6}$

$=\dfrac{3a+6b-2b}{6}=\boxed{\dfrac{3a+4b}{6}}$

(5) $x^2-3x+2=\boxed{(x-2)(x-1)}$

(6) $\sqrt{45} - \sqrt{5} + \dfrac{10}{\sqrt{5}} = 3\sqrt{5} - \sqrt{5} + \dfrac{10\sqrt{5}}{5} = 3\sqrt{5} - \sqrt{5} + 2\sqrt{5}$

$= \boxed{4\sqrt{5}}$

(7) $(\sqrt{3} + \sqrt{2})^2 = 3 + 2\sqrt{6} + 2 = \boxed{5 + 2\sqrt{6}}$

(8) $\begin{cases} 2x+y=5 \cdots ① \\ x-2y=5 \cdots ② \end{cases}$，①×2 より，$\begin{cases} 4x+2y=10 \\ x-2y=5 \end{cases}$，$5x=15$，$x=3$，

①へ代入して，$2×3+y=5$，$6+y=5$，$y=5-6$，$y=-1$，$\boxed{\begin{cases} x=3 \\ y=-1 \end{cases}}$

(9) $(2x+1)^2 - 3x(x+3)=0$，$4x^2+4x+1-3x^2-9x=0$，

$x^2-5x+1=0$，$x = \dfrac{-(-5)\pm\sqrt{(-5)^2-4\times1\times1}}{2\times1} = \dfrac{5\pm\sqrt{25-4}}{2} = \boxed{\dfrac{5\pm\sqrt{21}}{2}}$

(10) n は $3780=2^2\times3^2\times3\times5\times7$ だから，$n=3\times5\times7 = \boxed{105}$

問題３５

(1) $-\dfrac{3}{8} + \dfrac{2}{3} = -\dfrac{9}{24} + \dfrac{16}{24} = \boxed{\dfrac{7}{24}}$

(2) $-6^2 + 4 \div \left(-\dfrac{2}{3}\right) = -36 + 4 \times \left(-\dfrac{3}{2}\right) = -36 + (-6) = -36 - 6$

$= \boxed{-42}$

(3) $2a \times 9ab \div 6a^2 = \dfrac{2a}{1} \times \dfrac{9ab}{1} \div \dfrac{6a^2}{1} = \dfrac{2a}{1} \times \dfrac{9ab}{1} \times \dfrac{1}{6a^2} = \boxed{3b}$

(4) $\dfrac{8a+9}{4} - \dfrac{6a+4}{3} = \dfrac{3(8a+9)}{12} - \dfrac{4(6a+4)}{12} = \dfrac{3(8a+9)-4(6a+4)}{12}$

$= \dfrac{24a+27-24a-16}{12} = \boxed{\dfrac{11}{12}}$

(5) $a^2-a-6 = \boxed{(a-3)(a+2)}$

(6) $5\sqrt{6} - \sqrt{24} + \dfrac{18}{\sqrt{6}} = 5\sqrt{6} - 2\sqrt{6} + \dfrac{18\sqrt{6}}{6}$

$= 5\sqrt{6} - 2\sqrt{6} + 3\sqrt{6} = \boxed{6\sqrt{6}}$

(7) $(\sqrt{5} - \sqrt{3})^2 = 5 - 2\sqrt{15} + 3 = \boxed{8 - 2\sqrt{15}}$

(8) $\begin{cases} x+y=9\cdots① \\ 0.5x-\dfrac{1}{4}y=3\cdots② \end{cases}$，②×4 より，$\begin{cases} x+y=9 \\ 2x-y=12 \end{cases}$，2 式の和から，

$3x=21$，$x=7$，①へ代入して，$7+y=9$，$y=9-7$，$y=2$，$\boxed{\begin{cases} x=7 \\ y=2 \end{cases}}$

(9) $(x-2)(x+2)=x+8$，$x^2-4=x+8$，$x^2-x-12=0$，

$(x-4)(x+3)=0$，$\boxed{x=4, \quad -3}$

(10) n は 78 の約数で，$78=2×3×13$ だから考えられるのは

$n=1$，2，3，6，13，26，39，78 であり，この中で $\dfrac{78}{n}$ が 1，2，

3，4 のいずれかになる n の最小値は，$\boxed{n=26}$

問題３６

(1) $1-(2-5)=1-(-3)=1+3=\boxed{4}$

(2) $-2^2+(-5)^2=-4+25=\boxed{21}$

(3) $3xy×2x^3y^2÷(-x^3y)=\dfrac{3xy}{1}×\dfrac{2x^3y^2}{1}÷\dfrac{-x^3y}{1}$

$=\dfrac{3xy}{1}×\dfrac{2x^3y^2}{1}×\dfrac{1}{-x^3y}=\boxed{-6xy^2}$

(4) $\dfrac{x+2y}{5}-\dfrac{x+3y}{4}=\dfrac{4(x+2y)}{20}-\dfrac{5(x+3y)}{20}$

$=\dfrac{4(x+2y)-5(x+3y)}{20}=\dfrac{4x+8y-5x-15y}{20}=\boxed{\dfrac{-x-7y}{20}}$

(5) $x^2-9y^2=\boxed{(x-3y)(x+3y)}$

(6) $\dfrac{\sqrt{2}}{2}-\dfrac{1}{3\sqrt{2}}=\dfrac{\sqrt{2}}{2}-\dfrac{\sqrt{2}}{6}=\dfrac{3\sqrt{2}}{6}-\dfrac{\sqrt{2}}{6}=\dfrac{3\sqrt{2}-\sqrt{2}}{6}$

$=\dfrac{2\sqrt{2}}{6}=\boxed{\dfrac{\sqrt{2}}{3}}$

(7) $(\sqrt{5}+1)^2=5+2\sqrt{5}+1=\boxed{6+2\sqrt{5}}$

(8) $\begin{cases} 0.2x+0.8y=1\cdots① \\ \dfrac{1}{2}x+\dfrac{7}{8}y=-2\cdots② \end{cases}$, ①×20, ②×8 として,

$\begin{cases} 4x+16y=20 \\ 4x+7y=-16 \end{cases}$, 2式の差から, $9y=36$, $y=4$, ①へ代入して,

$0.2x+0.8\times4=1$, $0.2x=1-3.2$, $0.2x=-2.2$, $x=-11$, $\boxed{\begin{array}{l} x=-11 \\ y=4 \end{array}}$

(9) $2x(x-1)-3=x^2$, $2x^2-2x-3=x^2$, $x^2-2x-3=0$,

$(x-3)(x+1)=0$, $\boxed{x=3,\ -1}$

(10) $xy^2-x^2y=xy(y-x)$へ代入して,

$(\sqrt{5}+3)(\sqrt{5}-3)\{(\sqrt{5}-3)-(\sqrt{5}+3)\}=(5-9)\times(-6)=(-4)\times(-6)$

$=\boxed{24}$

問題3 7

(1) $\dfrac{3}{5}\times(\dfrac{1}{2}-\dfrac{2}{3})=\dfrac{3}{5}\times(\dfrac{3}{6}-\dfrac{4}{6})=\dfrac{3}{5}\times(-\dfrac{1}{6})=\boxed{-\dfrac{1}{10}}$

(2) $(-3)^2\times2-8=9\times2-8=18-8=\boxed{10}$

(3) $24ab^2\div(-6a)\div(-2b)=\dfrac{24ab^2}{1}\div\dfrac{-6a}{1}\div\dfrac{-2b}{1}$

$=\dfrac{24ab^2}{1}\times\dfrac{1}{-6a}\times\dfrac{1}{-2b}=\boxed{2b}$

(4) $\dfrac{3x+y}{2}-\dfrac{x+y}{3}=\dfrac{3(3x+y)}{6}-\dfrac{2(x+y)}{6}=\dfrac{3(3x+y)-2(x+y)}{6}$

$=\dfrac{9x+3y-2x-2y}{6}=\boxed{\dfrac{7x+y}{6}}$

(5) $x^2-16y^2=\boxed{(x+4y)(x-4y)}$

(6) $\dfrac{3}{\sqrt{2}}-\dfrac{2}{\sqrt{8}}=\dfrac{3\sqrt{2}}{2}-\dfrac{2}{2\sqrt{2}}=\dfrac{3\sqrt{2}}{2}-\dfrac{1}{\sqrt{2}}=\dfrac{3\sqrt{2}}{2}-\dfrac{\sqrt{2}}{2}$

$=\dfrac{2\sqrt{2}}{2}=\boxed{\sqrt{2}}$

(7) $(\sqrt{2}-\sqrt{3})^2+\sqrt{6}=2-2\sqrt{6}+3+\sqrt{6}=\boxed{5-\sqrt{6}}$

(8) $\begin{cases}3x-2y=5\cdots① \\ -x+4y=5\cdots②\end{cases}$ として，①×2 より，$\begin{cases}6x-4y=10 \\ -x+4y=5\end{cases}$，2式の和

から，$5x=15$，$x=3$，②へ代入して，$-3+4y=5$，$4y=5+3$，

$4y=8$，$y=2$，$\boxed{\begin{cases}x=3 \\ y=2\end{cases}}$

(9) $(x-5)(x+4)=3x-8$，$x^2-x-20=3x-8$，$x^2-4x-12=0$，

$(x-6)(x+2)=0$，$\boxed{x=6,\ -2}$

(10) $x^2y+xy^2=xy(x+y)$ へ代入して，

$(\sqrt{6}+\sqrt{3})(\sqrt{6}-\sqrt{3})\{(\sqrt{6}+\sqrt{3})+(\sqrt{6}-\sqrt{3})\}=(6-3)\times2\sqrt{6}$

$=3\times2\sqrt{6}=\boxed{6\sqrt{6}}$

問題３８

(1) $(\dfrac{1}{2}-\dfrac{1}{5})\times\dfrac{1}{3}=(\dfrac{5}{10}-\dfrac{2}{10})\times\dfrac{1}{3}=\dfrac{3}{10}\times\dfrac{1}{3}=\boxed{\dfrac{1}{10}}$

(2) $-8+6^2\div9=-8+36\div9=-8+4=\boxed{-4}$

(3) $6a^3b\times\dfrac{b}{3}\div2a=\dfrac{6a^3b}{1}\times\dfrac{b}{3}\div\dfrac{2a}{1}=\dfrac{6a^3b}{1}\times\dfrac{b}{3}\times\dfrac{1}{2a}$

$=\boxed{a^2b^2}$

(4) $\dfrac{2x+y}{3}-\dfrac{x+5y}{7}=\dfrac{7(2x+y)}{21}-\dfrac{3(x+5y)}{21}$

$=\dfrac{7(2x+y)-3(x+5y)}{21}=\dfrac{14x+7y-3x-15y}{21}=\boxed{\dfrac{11x-8y}{21}}$

(5) $4x^2-9y^2=\boxed{(2x+3y)(2x-3y)}$

(6) $\sqrt{\dfrac{3}{2}}-\dfrac{\sqrt{54}}{2}=\dfrac{\sqrt{3}}{\sqrt{2}}-\dfrac{3\sqrt{6}}{2}=\dfrac{\sqrt{6}}{2}-\dfrac{3\sqrt{6}}{2}=-\dfrac{2\sqrt{6}}{2}=\boxed{-\sqrt{6}}$

(7) $(2-\sqrt{6})^2+\sqrt{24}=4-4\sqrt{6}+6+2\sqrt{6}=\boxed{10-2\sqrt{6}}$

(8) $(x-2)^2=25$，$x-2=\pm5$，$x=2\pm5$，$x=2+5=7$，$x=2-5$

$=-3$，$\boxed{x=7,\ -3}$

(9)　$(a-5)(a-6)-a(a+3)=a^2-11a+30-a^2-3a=-14a+30$ へ，

$a=\dfrac{2}{7}$ を代入して，$-14\times\dfrac{2}{7}+30=-4+30=\boxed{26}$

(10)　平方して $16<n<25$ だから，$n=17,\ 18,\ 19,\ 20,\ 21,\ 22,$ $23,\ 24$ の $\boxed{8\,個}$

問題３９

(1)　$63\div9-2=7-2=\boxed{5}$

(2)　$(-2)^2\times3+(-15)\div(-3)=4\times3+(-15)\div(-3)=12+5=\boxed{17}$

(3)　$(-6a)^2\times9b\div12ab=\dfrac{36a^2}{1}\times\dfrac{9b}{1}\div\dfrac{12ab}{1}$

$=\dfrac{36a^2}{1}\times\dfrac{9b}{1}\times\dfrac{1}{12ab}=\boxed{27a}$

(4)　$\dfrac{4a-2b}{3}-\dfrac{3a+b}{4}=\dfrac{4(4a-2b)}{12}-\dfrac{3(3a+b)}{12}$

$=\dfrac{4(4a-2b)-3(3a+b)}{12}=\dfrac{16a-8b-9a-3b}{12}=\boxed{\dfrac{7a-11b}{12}}$

(5)　$9x^2-12x+4=\boxed{(3x-2)^2}$

(6)　$\sqrt{3}\times\sqrt{6}-\sqrt{2}=\sqrt{18}-\sqrt{2}=3\sqrt{2}-\sqrt{2}=\boxed{2\sqrt{2}}$

(7)　$\dfrac{\sqrt{10}}{\sqrt{2}}-(\sqrt{5}-2)^2=\sqrt{5}-(5-4\sqrt{5}+4)=\sqrt{5}-(9-4\sqrt{5})$

$=\sqrt{5}-9+4\sqrt{5}=\boxed{5\sqrt{5}-9}$

(8)　$(x-2)^2=16$，$x-2=\pm4$，$x=2\pm4$，$x=2+4=6$，$x=2-4$ $=-2$，$\boxed{x=6,\ -2}$

(9)　$a^2+4a=a(a+4)$ へ $a=-3$ を代入して，$(-3)\times\{(-3)+4\}$ $=(-3)\times1=\boxed{-3}$

(10)　平方して $5<n^2<11$，$\boxed{n=3}$

問題４０

(1)　$5\times(-4)+7=-20+7=\boxed{-13}$

(2)　$(-3)^2 \div \dfrac{1}{6} = 9 \times 6 = \boxed{54}$

(3)　$4x^2 \div 6xy \times (-9y) = \dfrac{4x^2}{1} \div \dfrac{6xy}{1} \times \dfrac{-9y}{1} = \dfrac{4x^2}{1} \times \dfrac{1}{6xy} \times \dfrac{-9y}{1}$

$= \boxed{-6x}$

(4)　$\dfrac{2}{3}a - \dfrac{a-b}{2} = \dfrac{4a}{6} - \dfrac{3(a-b)}{6} = \dfrac{4a-3(a-b)}{6} = \dfrac{4a-3a+3b}{6}$

$= \boxed{\dfrac{a+3b}{6}}$

(5)　$ax^2 - 9a = a(x^2 - 9) = \boxed{a(x+3)(x-3)}$

(6)　$\sqrt{6} \times \sqrt{3} - \sqrt{8} = \sqrt{18} - \sqrt{8} = 3\sqrt{2} - 2\sqrt{2} = \boxed{\sqrt{2}}$

(7)　$(\sqrt{3}+1)^2 - \dfrac{6}{\sqrt{3}} = (3 + 2\sqrt{3} + 1) - \dfrac{6\sqrt{3}}{3} = 4 + 2\sqrt{3} - 2\sqrt{3} = \boxed{4}$

(8)　$(x-2)^2 = 5,\ x - 2 = \pm\sqrt{5},\ \boxed{x = 2 \pm \sqrt{5}}$

(9)　$a^2 + 2ab = a(a+2b)$ へ $a=7,\ b=-3$ を代入して，

$7 \times \{7 + 2 \times (-3)\} = 7 \times (7-6) = 7 \times 1 = \boxed{7}$

(10)　$5 < \sqrt{6a} < 7$ を平方して，$25 < 6a < 49$ より，$\boxed{a = 5,\ 6,\ 7,\ 8}$

問題4　1

(1)　$2 \times (-3) + 3 = -6 + 3 = \boxed{-3}$

(2)　$40 - 7^2 = 40 - 49 = \boxed{-9}$

(3)　$12ab \div 6a^2 \times 2b = \dfrac{12ab}{1} \div \dfrac{6a^2}{1} \times \dfrac{2b}{1} = \dfrac{12ab}{1} \times \dfrac{1}{6a^2} \times \dfrac{2b}{1}$

$= \boxed{\dfrac{4b^2}{a}}$

(4)　$\dfrac{3x-2}{6} - \dfrac{2x-3}{9} = \dfrac{3(3x-2)}{18} - \dfrac{2(2x-3)}{18} = \dfrac{3(3x-2)-2(2x-3)}{18}$

$= \dfrac{9x-6-4x+6}{18} = \boxed{\dfrac{5}{18}x}$

(5)　$ax^2 - 16a = a(x^2 - 16) = \boxed{a(x+4)(x-4)}$

146

(6)　$(\sqrt{18}-\sqrt{14})\div\sqrt{2}=\dfrac{\sqrt{18}}{\sqrt{2}}-\dfrac{\sqrt{14}}{\sqrt{2}}=\sqrt{9}-\sqrt{7}=\boxed{3-\sqrt{7}}$

(7)　$(\sqrt{6}-\sqrt{2})^2+\sqrt{27}=(6-2\sqrt{12}+2)+3\sqrt{3}=(8-4\sqrt{3})+3\sqrt{3}$
$=\boxed{8-\sqrt{3}}$

(8)　$(x-2)^2-4=0$,　$(x-2)^2=4$,　$x-2=\pm2$,　$x=2\pm2$,　$x=2+2=$
4,　$x=2-2=0$,　$\boxed{x=4,\ 0}$

(9)　$x^2-2xy+y^2=(x-y)^2$ へ $x=23$,　$y=18$ を代入して,　$(23-18)^2$
$=5^2=\boxed{25}$

(10)　平方して $a^2<30$,　よって $\boxed{a=5}$

問題4 2

(1)　$6\div(-2)-4=-3-4=\boxed{-7}$

(2)　$6+(-2)^2=6+4=\boxed{10}$

(3)　$4ab^2\div6a^2b\times3ab=\dfrac{4ab^2}{1}\div\dfrac{6a^2b}{1}\times\dfrac{3ab}{1}$

$=\dfrac{4ab^2}{1}\times\dfrac{1}{6a^2b}\times\dfrac{3ab}{1}=\boxed{2b^2}$

(4)　$\dfrac{3x-5y}{2}-\dfrac{2x-y}{4}=\dfrac{2(3x-5y)}{4}-\dfrac{(2x-y)}{4}=\dfrac{2(3x-5y)-(2x-y)}{4}$

$=\dfrac{6x-10y-2x+y}{4}=\boxed{\dfrac{4x-9y}{4}}$

(5)　$x^2y-4y=y(x^2-4)=\boxed{y(x+2)(x-2)}$

(6)　$\sqrt{2}\times\sqrt{6}+\sqrt{27}=\sqrt{12}+\sqrt{27}=2\sqrt{3}+3\sqrt{3}=\boxed{5\sqrt{3}}$

(7)　$(\sqrt{6}-2)(\sqrt{3}+\sqrt{2})+\dfrac{6}{\sqrt{2}}=(\sqrt{6}-\sqrt{4})(\sqrt{3}+\sqrt{2})+\dfrac{6\sqrt{2}}{2}$

$=\sqrt{2}(\sqrt{3}-\sqrt{2})(\sqrt{3}+\sqrt{2})+3\sqrt{2}=\sqrt{2}\times(3-2)+3\sqrt{2}$
$=\sqrt{2}+3\sqrt{2}=\boxed{4\sqrt{2}}$

(8)　$9x^2=5x$,　$9x^2-5x=0$,　$x(9x-5)=0$,　$\boxed{x=0,\ \dfrac{5}{9}}$

(9)　$a^2-25b^2=(a+5b)(a-5b)$ へ $a=41$,　$b=8$ を代入して,

$(41+5 \times 8)(41-5 \times 8)=(41+40)(41-40)=81 \times 1=\boxed{81}$

(10) $a=\sqrt{15}-3$ だから，$a^2+6a=a(a+6)$ へ代入して，

$(\sqrt{15}-3)\{(\sqrt{15}-3)+6\}=(\sqrt{15}-3)(\sqrt{15}+3)=15-9=\boxed{6}$

問題 4 3

(1) $4 \times(-7)+20=-28+20=\boxed{-8}$

(2) $1-6^2 \div \dfrac{9}{2}=1-36 \times \dfrac{2}{9}=1-8=\boxed{-7}$

(3) $14ab \div 7a^2 \times ab=\dfrac{14ab}{1} \div \dfrac{7a^2}{1} \times \dfrac{ab}{1}=\dfrac{14ab}{1} \times \dfrac{1}{7a^2} \times \dfrac{ab}{1}$

$=\boxed{2b^2}$

(4) $\dfrac{3x+2y}{7}-\dfrac{2x-y}{5}=\dfrac{5(3x+2y)}{35}-\dfrac{7(2x-y)}{35}$

$=\dfrac{5(3x+2y)-7(2x-y)}{35}=\dfrac{15x+10y-14x+7y}{35}=\boxed{\dfrac{x+17y}{35}}$

(5) $3x^2-12=3(x^2-4)=\boxed{3(x+2)(x-2)}$

(6) $\sqrt{50}+\sqrt{8}-\sqrt{18}=5\sqrt{2}+2\sqrt{2}-3\sqrt{2}=\boxed{4\sqrt{2}}$

(7) $(\sqrt{7}-2)(\sqrt{7}+3)-\sqrt{28}=(7+\sqrt{7}-6)-2\sqrt{7}=\boxed{1-\sqrt{7}}$

(8) $x^2=4x$, $x^2-4x=0$, $x(x-4)=0$, $\boxed{x=0,\ 4}$

(9) $25x^2-y^2=(5x+y)(5x-y)$ へ $x=11$, $y=54$ を代入して，

$(5 \times 11+54)(5 \times 11-54)=109 \times 1=\boxed{109}$

(10) $\sqrt{56n}=2\sqrt{14n}$ だから，$\boxed{n=14}$

問題 4 4

(1) $\dfrac{4}{5} \div(-4)+\dfrac{8}{5}=\dfrac{4}{5} \times(-\dfrac{1}{4})+\dfrac{8}{5}=-\dfrac{1}{5}+\dfrac{8}{5}=\boxed{\dfrac{7}{5}}$

(2) $7+3 \times(-2^2)=7+3 \times(-4)=7+(-12)=7-12=\boxed{-5}$

(3) $8a^2b \div(-2a^3b^2) \times(-3a)=\dfrac{8a^2b}{1} \div \dfrac{-2a^3b^2}{1} \times \dfrac{-3a}{1}$

$=\dfrac{8a^2b}{1} \times \dfrac{1}{-2a^3b^2} \times \dfrac{-3a}{1}=\boxed{\dfrac{12}{b}}$

(4) $\dfrac{7a+b}{5} - \dfrac{4a-b}{3} = \dfrac{3(7a+b)}{15} - \dfrac{5(4a-b)}{15} = \dfrac{3(7a+b)-5(4a-b)}{15}$

$= \dfrac{21a+3b-20a+5b}{15} = \boxed{\dfrac{a+8b}{15}}$

(5) $5x^2-5y^2 = 5(x^2-y^2) = \boxed{5(x+y)(x-y)}$

(6) $\sqrt{14} \times \sqrt{2} + \sqrt{7} = \sqrt{28} + \sqrt{7} = 2\sqrt{7} + \sqrt{7} = \boxed{3\sqrt{7}}$

(7) $(\sqrt{6}-2)(\sqrt{6}+3) + \dfrac{4\sqrt{3}}{\sqrt{2}} = (6+\sqrt{6}-6) + \dfrac{4\sqrt{6}}{2}$

$= \sqrt{6} + 2\sqrt{6} = \boxed{3\sqrt{6}}$

(8) $x^2+5x+3=0,\ x = \dfrac{-5\pm\sqrt{5^2-4\times1\times3}}{2\times1} = \dfrac{-5\pm\sqrt{25-12}}{2} = \boxed{\dfrac{-5\pm\sqrt{13}}{2}}$

(9) $16a^2-b^2 = (4a+b)(4a-b)$ へ $a=11$, $b=43$ を代入して，

$(4\times11+43)(4\times11-43) = (44+43)(44-43) = 87\times1 = \boxed{87}$

(10) $\sqrt{60n} = 2\sqrt{15n}$ だから, $\boxed{n=15}$

問題4 5

(1) $-\dfrac{3}{4} \div \dfrac{6}{5} + \dfrac{1}{2} = -\dfrac{3}{4} \times \dfrac{5}{6} + \dfrac{1}{2} = -\dfrac{5}{8} + \dfrac{4}{8} = \boxed{-\dfrac{1}{8}}$

(2) $5-3\times(-2)^2 = 5-3\times4 = 5-12 = \boxed{-7}$

(3) $6ab \div (-9a^2b^2) \times 3a^2b = \dfrac{6ab}{1} \div \dfrac{-9a^2b^2}{1} \times \dfrac{3a^2b}{1}$

$= \dfrac{6ab}{1} \times \dfrac{1}{-9a^2b^2} \times \dfrac{3a^2b}{1} = \boxed{-2a}$

(4) $\dfrac{5x-y}{3} - \dfrac{x-y}{2} = \dfrac{2(5x-y)}{6} - \dfrac{3(x-y)}{6} = \dfrac{2(5x-y)-3(x-y)}{6}$

$= \dfrac{10x-2y-3x+3y}{6} = \boxed{\dfrac{7x+y}{6}}$

(5) $8a^2b-18b = 2b(4a^2-9) = \boxed{2b(2a+3)(2a-3)}$

(6) $\sqrt{2} \times \sqrt{6} + \sqrt{27} = \sqrt{12} + \sqrt{27} = 2\sqrt{3} + 3\sqrt{3} = \boxed{5\sqrt{3}}$

(7) $(\sqrt{5}+\sqrt{3})^2 - 9\sqrt{15} = (5+2\sqrt{15}+3) - 9\sqrt{15} = \boxed{8-7\sqrt{15}}$

(8)　$x^2+2x-1=0$,　$(x+1)^2-1-1=0$,　$(x+1)^2=2$,　$x+1=\pm\sqrt{2}$,　$\boxed{x=-1\pm\sqrt{2}}$

(9)　$a^2+2a=a(a+2)$ へ $a=\sqrt{3}-1$ を代入して,

$(\sqrt{3}-1)\{(\sqrt{3}-1)+2\}=(\sqrt{3}-1)(\sqrt{3}+1)=3-1=\boxed{2}$

(10)　10 より小さい正の整数 n を $\sqrt{10-n}$ へ代入すれば,

$\boxed{n=1,\ 6,\ 9}$

問題４ 6

(1)　$(-8)\times(-2)-(-4)=16-(-4)=16+4=\boxed{20}$

(2)　$(-6)^2-3^2=36-9=\boxed{27}$

(3)　$15a^2b\div3ab^3\times b^2=\dfrac{15a^2b}{1}\div\dfrac{3ab^3}{1}\times\dfrac{b^2}{1}=\dfrac{15a^2b}{1}\times\dfrac{1}{3ab^3}\times\dfrac{b^2}{1}$

$=\boxed{5a}$

(4)　$\dfrac{3x+y}{2}-\dfrac{2x-5y}{3}=\dfrac{2(3x+y)}{6}-\dfrac{2(2x-5y)}{6}$

$=\dfrac{3(3x+y)-2(2x-5y)}{6}=\dfrac{9x+3y-4x+10y}{6}=\boxed{\dfrac{5x+13y}{6}}$

(5)　$3x^2-6x-45=3(x^2-2x-15)=\boxed{3(x-5)(x+3)}$

(6)　$\sqrt{6}\times\sqrt{2}-\sqrt{3}=\sqrt{12}-\sqrt{3}=2\sqrt{3}-\sqrt{3}=\boxed{\sqrt{3}}$

(7)　$(\sqrt{3}+\sqrt{2})(2\sqrt{3}+\sqrt{2})+\dfrac{6}{\sqrt{6}}=6+\sqrt{6}+2\sqrt{6}+2+\dfrac{6\sqrt{6}}{6}$

$=6+\sqrt{6}+2\sqrt{6}+2+\sqrt{6}=\boxed{8+4\sqrt{6}}$

(8)　$x^2-5x+4=0$,　$(x-4)(x-1)=0$,　$\boxed{x=4,\ 1}$

(9)　$a^2-4a+4=(a-2)^2$ へ $a=2+\sqrt{5}$ を代入して,

$\{(2+\sqrt{5})-2\}^2=(\sqrt{5})^2=\boxed{5}$

(10)　$\dfrac{\sqrt{40n}}{3}=2\sqrt{\dfrac{10n}{9}}$,　これより n は 9 の倍数であり,

さらに 2×5 の倍数なので,　$\boxed{n=90}$

問題４ 7

(1)　$-3+(-2)\times(-5)=-3+10=\boxed{7}$

(2)　$-3^2-6\times5=-9-30=\boxed{-39}$

(3)　$5x^2\div(-4xy)^2\times32xy^2=\dfrac{5x^2}{1}\div\dfrac{16x^2y^2}{1}\times\dfrac{32xy^2}{1}$

$=\dfrac{5x^2}{1}\times\dfrac{1}{16x^2y^2}\times\dfrac{32xy^2}{1}=\boxed{10x}$

(4)　$\dfrac{2x-3}{6}-\dfrac{3x-2}{9}=\dfrac{3(2x-3)}{18}-\dfrac{2(3x-2)}{18}=\dfrac{3(2x-3)-2(3x-2)}{18}$

$=\dfrac{6x-9-6x+4}{18}=\boxed{-\dfrac{5}{18}}$

(5)　$(x+1)(x-3)+4=x^2-2x-3+4=x^2-2x+1=\boxed{(x-1)^2}$

(6)　$\sqrt{10}\times\sqrt{2}+\sqrt{5}=\sqrt{20}+\sqrt{5}=2\sqrt{5}+\sqrt{5}=\boxed{3\sqrt{5}}$

(7)　$\sqrt{50^2-1}=\sqrt{(50-1)(50+1)}=\sqrt{49\times51}=\boxed{7\sqrt{51}}$

(8)　$x^2-2x-35=0,\ (x-7)(x+5)=0,\ \boxed{x=7,\ -5}$

(9)　$x^2-6x+9=(x-3)^2$ へ $x=\sqrt{2}+3$ を代入して,

$\{(\sqrt{2}+3)-3\}^2=(\sqrt{2})^2=\boxed{2}$

(10)　$\sqrt{\dfrac{20}{n}}=\sqrt{\dfrac{2^2\times5}{n}}$ とし, 約分できる n を探して, $\boxed{n=5,\ 20}$

問題4 8

(1)　$6\div(-2)-(-7)=(-3)-(-7)=-3+7=\boxed{4}$

(2)　$18-(-4)^2\div8=18-16\div8=18-2=\boxed{16}$

(3)　$8a^3b\div(-6ab)^2\times9b=\dfrac{8a^3b}{1}\div\dfrac{36a^2b^2}{1}\times\dfrac{9b}{1}$

$=\dfrac{8a^3b}{1}\times\dfrac{1}{36a^2b^2}\times\dfrac{9b}{1}=\boxed{2a}$

(4)　$\dfrac{4x+y}{5}-\dfrac{x-y}{2}=\dfrac{2(4x+y)}{10}-\dfrac{5(x-y)}{10}=\dfrac{2(4x+y)-5(x-y)}{10}$

$=\dfrac{8x+2y-5x+5y}{10}=\boxed{\dfrac{3x+7y}{10}}$

(5) $(x-5)(x+3)-2x+10=x^2-2x-15-2x+10=x^2-4x-5$
$=\boxed{(x-5)(x+1)}$

(6) $\sqrt{6}\times2\sqrt{3}-5\sqrt{2}=2\sqrt{18}-5\sqrt{2}=6\sqrt{2}-5\sqrt{2}=\boxed{\sqrt{2}}$

(7) $(2+\sqrt{7})(2-\sqrt{7})+6(\sqrt{7}+2)=4-7+6\sqrt{7}+12=\boxed{9+6\sqrt{7}}$

(8) $x^2-11x+18=0,\ (x-2)(x-9)=0,\ \boxed{x=2,\ 9}$

(9) $x^2-8x+12=(x-6)(x-2)$ へ $x=\sqrt{7}+4$ を代入して,
$\{(\sqrt{7}+4)-6\}\{(\sqrt{7}+4)-2\}=(\sqrt{7}-2)(\sqrt{7}+2)=7-4=\boxed{3}$

(10) $\sqrt{\dfrac{540}{n}}=\sqrt{\dfrac{2^2\times3^2\times3\times5}{n}}$ だから n は 15 の倍数で,

$n=15,\ 15\times2^2,\ 15\times3^2,\ 15\times2^2\times3^2$ の $\boxed{4\ 通り}$

問題4 9

(1) $5\times(-3)-(-2)=-15-(-2)=\boxed{-13}$

(2) $9\div(-3)-4^2=-3-16=\boxed{-19}$

(3) $-ab^2\div\dfrac{2}{3}a^2b\times(-4b)=\dfrac{-ab^2}{1}\div\dfrac{2a^2b}{3}\times\dfrac{-4b}{1}$

$=\dfrac{-ab^2}{1}\times\dfrac{3}{2a^2b}\times\dfrac{-4b}{1}=\boxed{\dfrac{6b^2}{a}}$

(4) $\dfrac{3a+b}{4}-\dfrac{a-7b}{8}=\dfrac{2(3a+b)}{8}-\dfrac{(a-7b)}{8}=\dfrac{2(3a+b)-(a-7b)}{8}$

$=\dfrac{6a+2b-a+7b}{8}=\boxed{\dfrac{5a+9b}{8}}$

(5) $(x+5)(x-2)-3(x-3)=x^2+3x-10-3x+9=x^2-1$
$=\boxed{(x+1)(x-1)}$

(6) $\sqrt{8}-3\sqrt{6}\times\sqrt{3}=2\sqrt{2}-3\sqrt{18}=2\sqrt{2}-9\sqrt{2}=\boxed{-7\sqrt{2}}$

(7) $\sqrt{6}+5=$ A とおけば, $A^2-5A=A(A-5)$
$=(\sqrt{6}+5)\{(\sqrt{6}+5)-5\}=\sqrt{6}\times(\sqrt{6}+5)=\boxed{6+5\sqrt{6}}$

(8) $x^2-14x+49=0,\ (x-7)^2=0,\ \boxed{x=7}$

(9)　$5x^2-5y^2=5(x^2-y^2)=5(x+y)(x-y)$ へ $x=\sqrt{3}+2$，$y=\sqrt{3}-2$ を代入して，$5\{(\sqrt{3}+2)+(\sqrt{3}-2)\}\{(\sqrt{3}+2)-(\sqrt{3}-2)\}=5\times2\sqrt{3}\times4$ $=\boxed{40\sqrt{3}}$

(10)　平方して $16<n<25$ であり，また $\sqrt{6n}$ が自然数となるのは，$n=6\times2^2=\boxed{24}$

問題５０

(1)　$-3\times(5-8)=-3\times(-3)=\boxed{9}$

(2)　$(-5)^2-9\div3=25-3=\boxed{22}$

(3)　$6x^2\div(-3xy)^2\times27xy^2=\dfrac{6x^2}{1}\div\dfrac{9x^2y^2}{1}\times\dfrac{27xy^2}{1}$

$=\dfrac{6x^2}{1}\times\dfrac{1}{9x^2y^2}\times\dfrac{27xy^2}{1}=\boxed{18x}$

(4)　$\dfrac{3x-y}{4}-\dfrac{x-2y}{6}=\dfrac{3(3x-y)}{12}-\dfrac{2(x-2y)}{12}=\dfrac{3(3x-y)-2(x-2y)}{12}$

$=\dfrac{9x-3y-2x+4y}{12}=\boxed{\dfrac{7x+y}{12}}$

(5)　$x-3=$A とおけば，$A^2+2A-15=(A-3)(A+5)$
$=\{(x-3)-3\}\{(x-3)+5\}=\boxed{(x-6)(x+2)}$

(6)　$\sqrt{48}-3\sqrt{2}\times\sqrt{24}=\sqrt{48}-3\sqrt{48}=-2\sqrt{48}=\boxed{-8\sqrt{3}}$

(7)　$\sqrt{5}+\sqrt{2}=$A，$\sqrt{5}-\sqrt{2}=$B とおけば，A^2-B^2
$=(A+B)(A-B)$
$=\{(\sqrt{5}+\sqrt{2})+(\sqrt{5}-\sqrt{2})\}\{(\sqrt{5}+\sqrt{2})-(\sqrt{5}-\sqrt{2})\}$
$=2\sqrt{5}\times2\sqrt{2}=\boxed{4\sqrt{10}}$

(8)　$x^2-6x-16=0$，$(x-8)(x+2)=0$，$\boxed{x=8,\ -2}$

(9)　$a=\sqrt{6}-2$ を代入して，$(\sqrt{6}-2)\{(\sqrt{6}-2)+2\}=\sqrt{6}(\sqrt{6}-2)$ $=\boxed{6-2\sqrt{6}}$

(10)　$\dfrac{9}{11}=0.818181\cdots$ と，8 と 1 が交互に繰り返すから $\boxed{1}$

第3章

問題1

(1)① $6-13-(-24)+(-6)-21=6-13+24-6-21=\boxed{-10}$

② $\sqrt{24}+\dfrac{8\sqrt{3}}{\sqrt{2}}-\sqrt{54}=2\sqrt{6}+4\sqrt{6}-3\sqrt{6}=\boxed{3\sqrt{6}}$

③ $4\left(\dfrac{x}{6}-\dfrac{y}{12}\right)-3\left(\dfrac{x}{12}-\dfrac{y}{9}\right)=\dfrac{8}{12}x-\dfrac{y}{3}-\dfrac{3}{12}x+\dfrac{y}{3}=\boxed{\dfrac{5}{12}x}$

④ $(2xy)^2\div(-26x^3y^5)\times(-13x^2y^3)=\dfrac{4x^2y^2}{1}\times\dfrac{1}{-26x^3y^5}\times\dfrac{-13x^2y^3}{1}$

$=\boxed{2x}$

(2) $4xy-2x+6y-3=2x(2y-1)+3(2y-1)=\boxed{(2y-1)(2x+3)}$

(3) $(x-2)(x-5)-2(5-3x)=x^2-7x+10-10+6x=x^2-x=x(x-1)$

$x=\sqrt{6}+1$ を代入して，$(\sqrt{6}+1)\{(\sqrt{6}+1)-1\}=(\sqrt{6}+1)\times\sqrt{6}$

$=\boxed{6+\sqrt{6}}$

(4) $3-\dfrac{3x+1}{5}=\dfrac{1}{3}x$，$45-3(3x+1)=5x$，$45-9x-3=5x$，

$42-9x=5x$，$42=5x+9x$，$42=14x$，$\boxed{x=3}$

問題2

(1)① $3\times8-(-6)\div\dfrac{3}{2}=24-(-6)\times\dfrac{2}{3}=24-(-4)=\boxed{28}$

② $2\sqrt{18}+\sqrt{75}-\sqrt{48}-3\sqrt{8}=6\sqrt{2}+5\sqrt{3}-4\sqrt{3}-6\sqrt{2}$

$=\boxed{\sqrt{3}}$

③ $\dfrac{5x+2y-1}{3}-\dfrac{x-2y+1}{6}=\dfrac{2(5x+2y-1)-(x-2y+1)}{6}$

$=\dfrac{10x+4y-2-x+2y-1}{6}=\dfrac{9x+6y-3}{6}=\boxed{\dfrac{3x+2y-1}{2}}$

④ $(-5ab)^2\div20a^3b^4\times8ab^3=\dfrac{25a^2b^2}{1}\times\dfrac{1}{20a^3b^4}\times\dfrac{8ab^3}{1}$

$=\boxed{10b}$

(2)　$a(b-2)-b+2=a(b-2)-(b-2)=\boxed{(b-2)(a-1)}$

(3)　$(-2ab^3)^2\times(-3a^3b)^2=4a^2b^6\times9a^6b^2=36a^8b^8=36(ab)^8$

$a=\dfrac{3}{2}$，$b=-\dfrac{2}{3}$ を代入して，$36\{\dfrac{3}{2}\times(-\dfrac{2}{3})\}^8=36\times(-1)^8=\boxed{36}$

(4)　$0.25(x+7)-0.15(6x-1)=0.6$，$25(x+7)-15(6x-1)=60$，

$25x+175-90x+15=60$，$-65x+190=60$，$-65x=-130$，$\boxed{x=2}$

問題３

(1)①　$10-3\times(-2)-12\div(-3)=10-(-6)-(-4)=10+6+4=\boxed{20}$

②　$\dfrac{3}{\sqrt{7}}-\sqrt{63}+\dfrac{2}{7}\sqrt{28}=\dfrac{3\sqrt{7}}{7}-3\sqrt{7}+\dfrac{4\sqrt{7}}{7}=\sqrt{7}-3\sqrt{7}$

$=\boxed{-2\sqrt{7}}$

③　$\dfrac{2a-3b+1}{12}-\dfrac{a-3b-4}{6}=\dfrac{2a-3b+1-2(a-3b-4)}{12}$

$=\dfrac{2a-3b+1-2a+6b+8}{12}=\dfrac{3b+9}{12}=\boxed{\dfrac{b+3}{4}}$

④　$(-6ab)^2\div24a^6b^5\times(2a^2b)^3=\dfrac{36a^2b^2}{1}\times\dfrac{1}{24a^6b^5}\times\dfrac{8a^6b^3}{1}=\boxed{12a^2}$

(2)　$3x^2+3xy-x-y=3x(x+y)-(x+y)=\boxed{(x+y)(3x-1)}$

(3)　$(-4x^5y^4)^2\div(2x^2y^2)^3=\dfrac{16x^{10}y^8}{1}\times\dfrac{1}{8x^6y^6}=2x^4y^2=2(xy)^2\times x^2$

$x=\dfrac{3}{2}$，$y=-\dfrac{2}{3}$ を代入して，$2\times\{\dfrac{3}{2}\times(-\dfrac{2}{3})\}^2\times(\dfrac{3}{2})^2$

$=2\times(-1)^2\times\dfrac{9}{4}=2\times1\times\dfrac{9}{4}=\boxed{\dfrac{9}{2}}$

(4)　$3(x-1):11=3:2$，$6(x-1)=33$，$6x-6=33$，$6x=33+6$，

$6x=39$，$\boxed{x=\dfrac{13}{2}}$

問題4

(1)① $\dfrac{3}{2} \times \dfrac{1}{3} - \dfrac{1}{2} \div \dfrac{5}{8} + \dfrac{1}{3} = \dfrac{3}{2} \times \dfrac{1}{3} - \dfrac{1}{2} \times \dfrac{8}{5} + \dfrac{1}{3}$

$= \dfrac{1}{2} - \dfrac{4}{5} + \dfrac{1}{3} = \dfrac{15-24+10}{30} = \boxed{\dfrac{1}{30}}$

② $\sqrt{75} + \sqrt{\dfrac{1}{2}} - \sqrt{12} + \dfrac{3}{\sqrt{2}} = 5\sqrt{3} + \dfrac{1}{\sqrt{2}} - 2\sqrt{3} + \dfrac{3}{\sqrt{2}}$

$= 3\sqrt{3} + \dfrac{4}{\sqrt{2}} = \boxed{3\sqrt{3} + 2\sqrt{2}}$

③ $\dfrac{3x-8y+1}{4} - \dfrac{5x-4y+3}{12} = \dfrac{9x-24y+3}{12} - \dfrac{5x-4y+3}{12}$

$= \dfrac{9x-24y+3-(5x-4y+3)}{12} = \dfrac{9x-24y+3-5x+4y-3}{12}$

$= \dfrac{4x-20y}{12} = \boxed{\dfrac{x-5y}{3}}$

④ $(-2a^2b)^3 \div (6a^3b^2) \times 3ab = \dfrac{-8a^6b^3}{1} \times \dfrac{1}{6a^3b^2} \times \dfrac{3ab}{1}$

$= \boxed{-4a^4b^2}$

(2) $x+x^2y-xy^2-y = x(1+xy) - y(xy+1) = \boxed{(xy+1)(x-y)}$

(3) $\left(-\dfrac{3}{8}xy^2\right) \div \left(\dfrac{3}{4}y^2\right)^2 = \dfrac{-3xy^2}{8} \times \dfrac{16}{9y^4} = -\dfrac{2x}{3y^2}$

$x=3$, $y=-2$ を代入して, $-\dfrac{2\times3}{3\times(-2)^2} = -\dfrac{2\times3}{3\times4} = \boxed{-\dfrac{1}{2}}$

(4) $\begin{cases} 5x-3(x-y)=24 \\ 3x=2(y+5) \end{cases}$, $\begin{cases} 5x-3x+3y=24 \\ 3x=2y+10 \end{cases}$, $\begin{cases} 2x+3y=24\cdots① \\ 3x-2y=10\cdots② \end{cases}$

①×2, ②×3 として, $\begin{cases} 4x+6y=48 \\ 9x-6y=30 \end{cases}$, 2式の和から, $13x=78$,

156

$x=6$，①へ代入し，$2\times6+3y=24$，$12+3y=24$，$3y=12$，$y=4$，

$$\begin{cases} x=6 \\ y=4 \end{cases}$$

問題5

(1)①　$2-\{5\div(-1)+2\}=2-\{(-5)+2\}=2-(-3)=\boxed{5}$

②　$4\sqrt{17}-\dfrac{17\sqrt{3}}{\sqrt{51}}-\sqrt{68}=4\sqrt{17}-\dfrac{17}{\sqrt{17}}-2\sqrt{17}$

$=4\sqrt{17}-\sqrt{17}-2\sqrt{17}=\boxed{\sqrt{17}}$

③　$\dfrac{3x+2y-1}{4}-\dfrac{4x+3y-1}{6}=\dfrac{3(3x+2y-1)}{12}-\dfrac{2(4x+3y-1)}{12}$

$=\dfrac{3(3x+2y-1)-2(4x+3y-1)}{12}=\dfrac{9x+6y-3-8x-6y+2}{12}=\boxed{\dfrac{x-1}{12}}$

④　$(-2x^2y)^2\times5x^2y^4\div(-3xy^2)^2=\dfrac{4x^4y^2}{1}\times\dfrac{5x^2y^4}{1}\times\dfrac{1}{9x^2y^4}$

$=\boxed{\dfrac{20x^4y^2}{9}}$

(2)　$2ax-bx-6ay+3by=x(2a-b)-3y(2a-b)=\boxed{(2a-b)(x-3y)}$

(3)　$(-18xy^3)\div\left(-\dfrac{3}{5}x^2y\right)\times\dfrac{y}{15}=\dfrac{-18xy^3}{1}\div\dfrac{-3x^2y}{5}\times\dfrac{y}{15}$

$=\dfrac{-18xy^3}{1}\times\dfrac{5}{-3x^2y}\times\dfrac{y}{15}=\dfrac{2y^3}{x}$ へ，$x=6$，$y=-3$ を代入して，

$\dfrac{2\times(-3)^3}{6}=\boxed{-9}$

(4)　$\begin{cases} \dfrac{3}{5}x-\dfrac{7}{10}y=-3.1 \\ -0.5x+y=8 \end{cases}$，$\begin{cases} 6x-7y=-31\cdots① \\ -x+2y=16\cdots② \end{cases}$，②$\times6$ として，

$\begin{cases} 6x-7y=-31 \\ -6x+12y=96 \end{cases}$，2式の和から，$5y=65$，$y=13$，②へ代入し，

$-x+2\times13=16$, $-x=16-26$, $x=10$, $\begin{cases}x=10\\y=13\end{cases}$

問題6

(1)① $6\div(-2)-\{(-3)+2\times(-4-1)\}$

$=6\div(-2)-\{(-3)+2\times(-5)\}=6\div(-2)-\{(-3)+(-10)\}$

$=6\div(-2)-(-13)=(-3)-(-13)=\boxed{10}$

② $\sqrt{\dfrac{1}{2}}+\dfrac{\sqrt{18}}{3}-2\sqrt{2}+\dfrac{6}{\sqrt{8}}=\dfrac{1}{\sqrt{2}}+\dfrac{3\sqrt{2}}{3}-2\sqrt{2}+\dfrac{\sqrt{36}}{\sqrt{8}}$

$=\dfrac{\sqrt{2}}{2}+\sqrt{2}-2\sqrt{2}+\dfrac{3\sqrt{2}}{2}=2\sqrt{2}+\sqrt{2}-2\sqrt{2}=\boxed{\sqrt{2}}$

③ $\dfrac{a-3b+c}{2}-\dfrac{4a+b-5c}{3}=\dfrac{3(a-3b+c)}{6}-\dfrac{2(4a+b-5c)}{6}$

$=\dfrac{3(a-3b+c)-2(4a+b-5c)}{6}=\dfrac{3a-9b+3c-8a-2b+10c}{6}$

$=\boxed{\dfrac{-5a-11b+13c}{6}}$

④ $6x^2y\times8xy\div(-2xy)^2=\dfrac{6x^2y}{1}\times\dfrac{8xy}{1}\times\dfrac{1}{4x^2y^2}=\boxed{12x}$

(2) $(x-y)(x+4y)+6y^2=x^2+3xy-4y^2+6y^2=x^2+3xy+2y^2$

$=\boxed{(x+y)(x+2y)}$

(3) $\left(-\dfrac{2}{3}xy^2\right)^2\div8x^2y\times(-36xy)=\dfrac{4x^2y^4}{9}\times\dfrac{1}{8x^2y}\times\dfrac{-36xy}{1}$

$=-2xy^4$ へ, $x=24$, $y=-\dfrac{1}{2}$ を代入して, $-2\times24\times(-\dfrac{1}{2})^4$

$=-2\times24\times\dfrac{1}{4\times4}=\boxed{-3}$

(4) $\begin{cases}\dfrac{1-x}{4}=3y-\dfrac{1}{2}\\[2mm]\dfrac{x-y}{3}-\dfrac{y}{5}=1\end{cases}$, $\begin{cases}1-x=12y-2\\5(x-y)-3y=15\end{cases}$, $\begin{cases}-x-12y=-3\cdots①\\5x-8y=15\cdots②\end{cases}$,

158

①×5 として，$\begin{cases} -5x-60y=-15 \\ 5x-8y=15 \end{cases}$，2式の和から，$-68y=0$，$y=0$

①へ代入して，$-x=-3$，$x=3$，$\boxed{\begin{cases} x=3 \\ y=0 \end{cases}}$

問題7

(1)① $(-3)^3+(-4)^2=(-27)+16=\boxed{-11}$

② $\dfrac{9}{8} \div \dfrac{\sqrt{3}}{2} \times \dfrac{2}{\sqrt{3}} = \dfrac{9}{8} \times \dfrac{2}{\sqrt{3}} \times \dfrac{2}{\sqrt{3}} = \dfrac{9}{8} \times \dfrac{4}{3} = \boxed{\dfrac{3}{2}}$

③ $\dfrac{4a+5b}{6} - a - \dfrac{3a-2b}{8} = \dfrac{4(4a+5b)}{24} - \dfrac{24a}{24} - \dfrac{3(3a-2b)}{24}$

$= \dfrac{4(4a+5b)-24a-3(3a-2b)}{24} = \dfrac{16a+20b-24a-9a+6b}{24}$

$= \boxed{\dfrac{-17a+26b}{24}}$

④ $(a^2b)^2 \div (-a^2b^3) \times ab^4 = \dfrac{a^4b^2}{1} \div \dfrac{-a^2b^3}{1} \times \dfrac{ab^4}{1}$

$= \dfrac{a^4b^2}{1} \times \dfrac{-1}{a^2b^3} \times \dfrac{ab^4}{1} = \boxed{-a^3b^3}$

(2) $x(x-1)-2y(2y-1)=x^2-x-4y^2-2y=x^2-4y^2-x-2y$
$=(x-2y)(x+2y)-(x+2y)=\boxed{(x+2y)(x-2y-1)}$

(3) $\left(-\dfrac{2a^2}{b}\right)^3 \div \dfrac{16}{3}a^3b^4 \times \left(\dfrac{b^2}{a}\right)^2 = \dfrac{-8a^6}{b^3} \times \dfrac{3}{16a^3b^4} \times \dfrac{b^4}{a^2}$

$= \dfrac{-3a}{2b^3}$ へ，$a=-\dfrac{2}{3}$，$b=4$ を代入して，$-3 \times \left(-\dfrac{2}{3}\right) \times \dfrac{1}{2 \times 4^3}$

$= \boxed{\dfrac{1}{64}}$

(4) $\begin{cases} \dfrac{x+4}{3}-\dfrac{y+1}{2}=0 \\ 3x+4=2(y-x)-3 \end{cases}$, $\begin{cases} 2(x+4)-3(y+1)=0 \\ 3x+4=2y-2x-3 \end{cases}$, $\begin{cases} 2x-3y=-5\cdots① \\ 5x-2y=-7\cdots② \end{cases}$

①×2, ②×3 として, $\begin{cases} 4x-6y=-10 \\ 15x-6y=-21 \end{cases}$, 2式の差から,

$-11x=11$, $x=-1$, ①へ代入して, $2\times(-1)-3y=-5$,

$-3y=-3$, $y=1$, $\boxed{\begin{cases} x=-1 \\ y=1 \end{cases}}$

問題8

(1)① $\left(-\dfrac{4}{5}\right)^2-\left(\dfrac{3}{5}\right)^2-\dfrac{2^2}{5}=\dfrac{16}{25}-\dfrac{9}{25}-\dfrac{4}{5}=\dfrac{16-9-20}{25}=\boxed{-\dfrac{13}{25}}$

② $\sqrt{6}\,(1+\sqrt{24}-2-\sqrt{6}\,)=\sqrt{6}\,(1+2\sqrt{6}-2-\sqrt{6}\,)=\sqrt{6}\,(\sqrt{6}-1)$
$=\boxed{6-\sqrt{6}}$

③ $x+\dfrac{x+2y}{2}-\dfrac{2x-y}{3}=\dfrac{6x}{6}+\dfrac{3(x+2y)}{6}-\dfrac{2(2x-y)}{6}$

$=\dfrac{6x+3(x+2y)-2(2x-y)}{6}=\dfrac{6x+3x+6y-4x+2y}{6}$

$=\boxed{\dfrac{5x+8y}{6}}$

④ $-\dfrac{8}{21}ab\div\dfrac{3}{7}a^2b^2\times\left(-\dfrac{1}{4}a^2b\right)=\dfrac{-8ab}{21}\div\dfrac{3a^2b^2}{7}\times\dfrac{-a^2b}{4}$

$=\dfrac{-8ab}{21}\times\dfrac{7}{3a^2b^2}\times\dfrac{-a^2b}{4}=\boxed{\dfrac{2}{9}a}$

(2) $(2a-5b)(a+b)+3b(a-b)=2a^2-3ab-5b^2+3ab-3b^2$
$=2a^2-8b^2=2(a^2-4b^2)=\boxed{2(a+2b)(a-2b)}$

(3) $(6a-1)^2-9a(4a-3)=36a^2-12a+1-36a^2+27a=15a+1$

$a=\dfrac{8}{15}$ を代入して, $15\times\dfrac{8}{15}+1=8+1=\boxed{9}$

(4) $\begin{cases} \dfrac{3x+y}{3} - \dfrac{x-y}{2} = 5 \\ 0.2x + 0.7y = 3.1 \end{cases}$, $\begin{cases} 2(3x+y) - 3(x-y) = 30 \\ 2x + 7y = 31 \end{cases}$,

$\begin{cases} 6x + 2y - 3x + 3y = 30 \\ 2x + 7y = 31 \end{cases}$, $\begin{cases} 3x + 5y = 30 \cdots ① \\ 2x + 7y = 31 \cdots ② \end{cases}$, ①×2, ②×3 として,

$\begin{cases} 6x + 10y = 60 \\ 6x + 21y = 93 \end{cases}$, 2式の差から, $-11y = -33$, $y = 3$, ①へ代入し

て, $3x + 5 \times 3 = 30$, $3x = 15$, $x = 5$, $\boxed{\begin{cases} x = 5 \\ y = 3 \end{cases}}$

問題9

(1)① $\left(-\dfrac{1}{2}\right)^3 + \left(-\dfrac{1}{2}\right)^2 + \left(-\dfrac{1}{2}\right) = -\dfrac{1}{8} + \dfrac{1}{4} - \dfrac{1}{2} = \dfrac{-1+2-4}{8} = \boxed{-\dfrac{3}{8}}$

② $(\sqrt{6} + \sqrt{24}) \times 2\sqrt{2} = (\sqrt{6} + 2\sqrt{6}) \times 2\sqrt{2} = 3\sqrt{6} \times 2\sqrt{2}$
$= 6\sqrt{12} = \boxed{12\sqrt{3}}$

③ $3a - \dfrac{5a-4b}{6} - \dfrac{2a+2b}{3} = \dfrac{18a}{6} - \dfrac{5a-4b}{6} - \dfrac{2(2a+2b)}{6}$

$= \dfrac{18a - (5a-4b) - 2(2a+2b)}{6} = \dfrac{18a - 5a + 4b - 4a - 4b}{6} = \dfrac{9a}{6} = \boxed{\dfrac{3}{2}a}$

④ $\dfrac{3}{16}a^2b \times 8ab^2 \div \left(-\dfrac{1}{2}a^3b^2\right) = \dfrac{3a^2b}{16} \times \dfrac{8ab^2}{1} \div \dfrac{-a^3b^2}{2}$

$= \dfrac{3a^2b}{16} \times \dfrac{8ab^2}{1} \times \dfrac{2}{-a^3b^2} = \boxed{-3b}$

(2) $3x(x-2) - 2(x+1)(x-1) + 3 = 3x^2 - 6x - 2(x^2-1) + 3$
$= 3x^2 - 6x - 2x^2 + 2 + 3 = x^2 - 6x + 5 = \boxed{(x-1)(x-5)}$

(3) $(x+6)^2 - (x-4)^2 = \{(x+6) - (x-4)\}\{(x+6) + (x-4)\}$

$= 10(2x+2) = 20(x+1) = 20 \times \left(\dfrac{1}{8} + 1\right) = 20 \times \dfrac{9}{8} = \boxed{\dfrac{45}{2}}$

(4) $\begin{cases} 6x+6y+6=3x-5y-7 \\ 6x+6y+6=4x+2y-6 \end{cases}$ とする。

$\begin{cases} 3x+11y=-13 \\ 2x+4y=-12 \end{cases}$, $\begin{cases} 3x+11y=-13\cdots① \\ x+2y=-6\cdots② \end{cases}$, ②×3 として,

$\begin{cases} 3x+11y=-13 \\ 3x+6y=-18 \end{cases}$, 2 式の差から, $5y=5$, $y=1$, ②へ代入して,

$x+2\times1=-6$, $x=-8$, $\boxed{\begin{cases} x=-8 \\ y=1 \end{cases}}$

問題１０

(1)① $7\times(5-3^2)=7\times(5-9)=7\times(-4)=\boxed{-28}$

② $\dfrac{\sqrt{98}+\sqrt{242}}{9\sqrt{2}}=\dfrac{\sqrt{49}+\sqrt{121}}{9}=\dfrac{7+11}{9}=\boxed{2}$

③ $\dfrac{2x+y}{3}+x-5y-\dfrac{x-8y}{2}=\dfrac{2(2x+y)}{6}+\dfrac{6(x-5y)}{6}-\dfrac{3(x-8y)}{6}$

$=\dfrac{2(2x+y)+6(x-5y)-3(x-8y)}{6}=\dfrac{4x+2y+6x-30y-3x+24y}{6}$

$=\boxed{\dfrac{7x-4y}{6}}$

④ $-\dfrac{1}{12}a^2\div(\dfrac{2}{3}ab)^2\times8ab^2=\dfrac{-a^2}{12}\div\dfrac{4a^2b^2}{9}\times\dfrac{8ab^2}{1}$

$=\dfrac{-a^2}{12}\times\dfrac{9}{4a^2b^2}\times\dfrac{8ab^2}{1}=\boxed{-\dfrac{3}{2}a}$

(2) $3x(x-2)-(x-4)(x+4)-(x+1)(x+5)$

$=3x^2-6x-(x^2-16)-(x^2+6x+5)=3x^2-6x-x^2+16-x^2-6x-5$

$=x^2-12x+11=\boxed{(x-1)(x-11)}$

(3) $x=\sqrt{7}-3$ を代入して, $x(x+6)-\sqrt{7}(x+3)$

$=(\sqrt{7}-3)\{(\sqrt{7}-3)+6\}-\sqrt{7}\{(\sqrt{7}-3)+3\}$

$=(\sqrt{7}-3)(\sqrt{7}+3)-\sqrt{7}\times\sqrt{7}=(7-9)-7=\boxed{-9}$

(4) $\begin{cases} 2x-3y=5x-4y-7 \\ 2x-3y=-4x+2y-1 \end{cases}$ とする。

$\begin{cases} -3x+y=-7\cdots① \\ 6x-5y=-1\cdots② \end{cases}$, ①×2 として, $\begin{cases} -6x+2y=-14 \\ 6x-5y=-1 \end{cases}$, 2式の和か

ら, $-3y=-15$, $y=5$, ①へ代入して, $-3x+5=-7$,

$-3x=-12$, $x=4$, $\boxed{\begin{cases} x=4 \\ y=5 \end{cases}}$

問題１１

(1)① $(-5)^3 \times (-6) \div (-10^2) = (-125) \times (-6) \div (-100) = \boxed{-\dfrac{15}{2}}$

② $\sqrt{6} \times 2\sqrt{3} - \dfrac{4}{\sqrt{2}} = 2\sqrt{18} - \dfrac{\sqrt{16}}{\sqrt{2}} = 6\sqrt{2} - 2\sqrt{2} = \boxed{4\sqrt{2}}$

③ $3x-2y+\dfrac{2x-3y}{3} - \dfrac{5x-6y}{2}$

$= \dfrac{6(3x-2y)}{6} + \dfrac{2(2x-3y)}{6} - \dfrac{3(5x-6y)}{6}$

$= \dfrac{6(3x-2y)+2(2x-3y)-3(5x-6y)}{6} = \dfrac{18x-12y+4x-6y-15x+18y}{6}$

$= \boxed{\dfrac{7}{6}x}$

④ $\dfrac{9}{14}a^2b \div \left(-\dfrac{3}{5}ab^3\right) \times \dfrac{7}{15}ab^2 = \dfrac{9a^2b}{14} \div \dfrac{-3ab^3}{5} \times \dfrac{7ab^2}{15}$

$= \dfrac{9a^2b}{14} \times \dfrac{5}{-3ab^3} \times \dfrac{7ab^2}{15} = \boxed{-\dfrac{1}{2}a^2}$

(2) $x^2-4x-y^2+4y = x^2-y^2-4x+4y = (x+y)(x-y)-4(x-y)$

$= \boxed{(x-y)(x+y-4)}$

(3) $x = \sqrt{3} - \dfrac{1}{\sqrt{3}} = \dfrac{3}{\sqrt{3}} - \dfrac{1}{\sqrt{3}} = \dfrac{2}{\sqrt{3}}$, $y = \sqrt{2} - \dfrac{1}{\sqrt{2}} = \dfrac{2}{\sqrt{2}} - \dfrac{1}{\sqrt{2}}$

$= \dfrac{1}{\sqrt{2}}$ を，$(x+y)(x-y)=x^2-y^2$ へ代入して，$\left(\dfrac{2}{\sqrt{3}}\right)^2-\left(\dfrac{1}{\sqrt{2}}\right)^2$

$= \dfrac{4}{3}-\dfrac{1}{2}=\dfrac{8-3}{6}=\boxed{\dfrac{5}{6}}$

(4) $\begin{cases} x-2=2y \\ x-y=4 \end{cases}$，$\begin{cases} x-2y=2\cdots① \\ x-y=4\cdots② \end{cases}$，2 式の差から，$-y=-2$,

$y=2$，①へ代入して，$x-2\times2=2$，$x=6$，$\boxed{\begin{cases} x=6 \\ y=2 \end{cases}}$

問題 1 2

(1)①　$(-3)^3+27\div(-3)^2=-27+27\div9=-27+3=\boxed{-24}$

②　$\left(\dfrac{\sqrt{432}}{\sqrt{3}}\right)^2+\sqrt{121}\div(-\dfrac{1}{\sqrt{9}})=(\sqrt{144})^2+\sqrt{121}\times(-\sqrt{9})$

$=144-11\times3=144-33=\boxed{111}$

③　$\dfrac{a+3}{2}+\dfrac{3a-1}{3}-\dfrac{2a-3}{6}=\dfrac{3(a+3)}{6}+\dfrac{2(3a-1)}{6}-\dfrac{2a-3}{6}$

$=\dfrac{3(a+3)+2(3a-1)-(2a-3)}{6}=\dfrac{3a+9+6a-2-2a+3}{6}=\boxed{\dfrac{7a+10}{6}}$

④　$\dfrac{7}{9}a^3b^2\times\dfrac{3}{2}ab^2\div\dfrac{7}{3}b=\dfrac{7a^3b^2}{9}\times\dfrac{3ab^2}{2}\div\dfrac{7b}{3}$

$=\dfrac{7a^3b^2}{9}\times\dfrac{3ab^2}{2}\times\dfrac{3}{7b}=\boxed{\dfrac{1}{2}a^4b^3}$

(2)　$x^2-2x+2y-y^2=x^2-y^2-2x+2y=(x-y)(x+y)-2(x-y)$

$=\boxed{(x-y)(x+y-2)}$

(3)　$a^2-5ab+b^2=(a+b)^2-7ab$ として，$a=-2+\sqrt{3}$，$b=-2-\sqrt{3}$
を代入して，$\{(-2+\sqrt{3})+(-2-\sqrt{3})\}^2-7(-2+\sqrt{3})(-2-\sqrt{3})$

$=(-4)^2-7\times1=16-7=\boxed{9}$

(4)　$\begin{cases} 2x=3(y+4) \\ 5x+6y=3 \end{cases}$，$\begin{cases} 2x-3y=12\cdots① \\ 5x+6y=3\cdots② \end{cases}$，①×2 として $\begin{cases} 4x-6y=24 \\ 5x+6y=3 \end{cases}$，

164

2式の和から，$9x=27$，$x=3$，②へ代入して，$5\times3+6y=3$，

$6y=-12$，$y=-2$，$\begin{cases}x=3\\y=-2\end{cases}$

問題13

(1)① $(-3)^3-(-2)\times9=-27-(-18)=\boxed{-9}$

② $\sqrt{15}\div\sqrt{3}\times\sqrt{2}+2\sqrt{10}=\sqrt{10}+2\sqrt{10}=\boxed{3\sqrt{10}}$

③ $\dfrac{2x-y}{3}-\dfrac{2x-y}{4}-\dfrac{x+y}{6}=\dfrac{4(2x-y)}{12}-\dfrac{3(2x-y)}{12}-\dfrac{2(x+y)}{12}$

$=\dfrac{4(2x-y)-3(2x-y)-2(x+y)}{12}=\dfrac{8x-4y-6x+3y-2x-2y}{12}$

$=-\dfrac{3}{12}y=\boxed{-\dfrac{1}{4}y}$

④ $\left(-\dfrac{3}{4}x^3y\right)^2\times4xy\div\left(-\dfrac{3}{2}x^4y^3\right)=\dfrac{9x^6y^2}{16}\times\dfrac{4xy}{1}\div\dfrac{-3x^4y^3}{2}$

$=\dfrac{9x^6y^2}{16}\times\dfrac{4xy}{1}\times\dfrac{2}{-3x^4y^3}=\boxed{-\dfrac{3}{2}x^3}$

(2) $ax^2-2x^2-ay^2+2y^2=ax^2-ay^2-2x^2+2y^2=a(x^2-y^2)-2(x^2-y^2)$

$=(a-2)(x^2-y^2)=\boxed{(a-2)(x-y)(x+y)}$

(3) $x^2+xy+y^2=(x+y)^2-xy$ へ，$x=\sqrt{7}+\sqrt{6}$，$y=\sqrt{7}-\sqrt{6}$ を代入して，$\{(\sqrt{7}+\sqrt{6})+(\sqrt{7}-\sqrt{6})\}^2-(\sqrt{7}+\sqrt{6})(\sqrt{7}-\sqrt{6})$

$=(2\sqrt{7})^2-(7-6)=28-1=\boxed{27}$

(4) $2(x-7)^2-18=0$，$(x-7)^2-9=0$，$(x-7)^2=9$，$x-7=\pm3$，

$x=7\pm3$，$\boxed{x=10,\ 4}$

問題14

(1)① $-2^2+6\div\left(-\dfrac{3}{4}\right)=-4+6\times\left(-\dfrac{4}{3}\right)=-4+(-8)=\boxed{-12}$

② $\sqrt{6}-\dfrac{30}{\sqrt{3}}\times\dfrac{\sqrt{8}}{4}+\sqrt{54}=\sqrt{6}-\dfrac{30}{\sqrt{3}}\times\dfrac{\sqrt{2}}{2}+3\sqrt{6}$

$= \sqrt{6} - \dfrac{15}{\sqrt{3}} \times \sqrt{2} + 3\sqrt{6} = \sqrt{6} - 5\sqrt{3} \times \sqrt{2} + 3\sqrt{6}$

$= \sqrt{6} - 5\sqrt{6} + 3\sqrt{6} = \boxed{-\sqrt{6}}$

③ $\dfrac{x+y}{2} - \dfrac{x+y}{3} - \dfrac{x+y}{6} = \dfrac{3(x+y)}{6} - \dfrac{2(x+y)}{6} - \dfrac{(x+y)}{6}$

$= \dfrac{3(x+y)-2(x+y)-(x+y)}{6} = \dfrac{3x+3y-2x-2y-x-y}{6} = \boxed{0}$

④ $\left(-\dfrac{y}{x}\right) \times \dfrac{x^3}{y^4} \div \left(\dfrac{x}{y}\right)^3 = -\dfrac{y}{x} \times \dfrac{x^3}{y^4} \div \dfrac{x^3}{y^3} = -\dfrac{y}{x} \times \dfrac{x^3}{y^4} \times \dfrac{y^3}{x^3}$

$= \boxed{-\dfrac{1}{x}}$

(2) $x^2 - y^2 - 2x + 1 = x^2 - 2x + 1 - y^2 = (x-1)^2 - y^2$

$= \{(x-1)-y\}\{(x-1)+y\}\} = \boxed{(x-y-1)(x+y-1)}$

(3) $x^2 + 3xy + y^2 = (x+y)^2 + xy$ へ，$x = \sqrt{3}+1$，$y = \sqrt{3}-1$ を代入して，$\{(\sqrt{3}+1)+(\sqrt{3}-1)\}^2 + (\sqrt{3}+1)(\sqrt{3}-1)$

$= (2\sqrt{3})^2 + (3-1) = 12 + 2 = \boxed{14}$

(4) $(x-4)(x+4) = -(x+10)$，$x^2 - 16 = -x - 10$，$x^2 + x - 6 = 0$，

$(x+3)(x-2) = 0$，$\boxed{x = -3, \ 2}$

問題15

(1)① $-4^2 \times \dfrac{3}{8} - 3 = -16 \times \dfrac{3}{8} - 3 = -6 - 3 = \boxed{-9}$

② $\sqrt{84} \div \sqrt{3} - \dfrac{\sqrt{32}}{2} \times \sqrt{14} = \sqrt{28} - \sqrt{8} \times \sqrt{14}$

$= \sqrt{28} - 2\sqrt{2} \times \sqrt{14} = \sqrt{28} - 2\sqrt{28} = -\sqrt{28} = \boxed{-2\sqrt{7}}$

③ $\dfrac{x-4y}{5} - \dfrac{2x+y}{2} + \dfrac{8x-7y}{10} = \dfrac{2(x-4y)}{10} - \dfrac{5(2x+y)}{10} + \dfrac{(8x-7y)}{10}$

$= \dfrac{2(x-4y)-5(2x+y)+(8x-7y)}{10} = \dfrac{2x-8y-10x-5y+8x-7y}{10}$

166

$$= -\frac{20y}{10} = \boxed{-2y}$$

④　$\dfrac{x^2}{2y} \div \left(-\dfrac{3x^2 y}{2}\right)^2 \times \left(-\dfrac{9}{2} x^3 y^3\right) = \dfrac{x^2}{2y} \div \dfrac{9x^4 y^2}{4} \times \dfrac{-9x^3 y^3}{2}$

$$= \frac{x^2}{2y} \times \frac{4}{9x^4 y^2} \times \frac{-9x^3 y^3}{2} = \boxed{-x}$$

(2)　$9x^2 - y^2 + 4y - 4 = 9x^2 - (y^2 - 4y + 4) = 9x^2 - (y-2)^2$

$= \{3x - (y-2)\}\{3x + (y-2)\} = \boxed{(3x - y + 2)(3x + y - 2)}$

(3)　$36x^2 - y^2 = (6x - y)(6x + y)$ へ，$x = 6$，$y = 35$ を代入して，

$(6 \times 6 - 35)(6 \times 6 + 35) = 1 \times 71 = \boxed{71}$

(4)　$(3x - 2)^2 = (x - 6)(x - 2)$，$9x^2 - 12x + 4 = x^2 - 8x + 12$，

$8x^2 - 4x - 8 = 0$，$2x^2 - x - 2 = 0$，

$$x = \frac{-(-1) \pm \sqrt{(-1)^2 - 4 \times 2 \times (-2)}}{2 \times 2} = \frac{1 \pm \sqrt{1 - (-16)}}{4} = \boxed{\frac{1 \pm \sqrt{17}}{4}}$$

問題16

(1)①　$2 - \left(-\dfrac{3}{2}\right)^3 \div \dfrac{3}{16} = 2 - \left(-\dfrac{27}{8}\right) \times \dfrac{16}{3} = 2 - (-18) = \boxed{20}$

②　$\sqrt{18} - \dfrac{1}{\sqrt{12}} \div \dfrac{1}{5\sqrt{2}} \times 4\sqrt{3}$

$$= 3\sqrt{2} - \frac{1}{2\sqrt{3}} \times \frac{5\sqrt{2}}{1} \times 4\sqrt{3} = 3\sqrt{2} - 10\sqrt{2} = \boxed{-7\sqrt{2}}$$

③　$\dfrac{x-2}{2} - \dfrac{x-6}{3} - \dfrac{x+4}{4} = \dfrac{6(x-2)}{12} - \dfrac{4(x-6)}{12} - \dfrac{3(x+4)}{12}$

$$= \frac{6(x-2) - 4(x-6) - 3(x+4)}{12} = \frac{6x - 12 - 4x + 24 - 3x - 12}{12} = \boxed{-\frac{1}{12}x}$$

④　$\left(-\dfrac{1}{2} xy^2\right)^2 \times \left(-\dfrac{4}{3} x^2 y\right) \div \dfrac{2}{9} x^3 y^2 = \dfrac{x^2 y^4}{4} \times \dfrac{-4x^2 y}{3} \div \dfrac{2x^3 y^2}{9}$

$$= \frac{x^2y^4}{4} \times \frac{-4x^2y}{3} \times \frac{9}{2x^3y^2} = \boxed{-\frac{3}{2}xy^3}$$

(2) $9x^2-16y^2-6x+8y=(3x-4y)(3x+4y)-2(3x-4y)$

$\boxed{=(3x-4y)(3x+4y-2)}$

(3) $2x^2-32x+128=2(x^2-16x+64)=2(x-8)^2$ へ，$x=\sqrt{3}+8$ を代入

して，$2\{(\sqrt{3}+8)-8\}^2=2\times(\sqrt{3}\,)^2=2\times3=\boxed{6}$

(4) $(2x-1)^2-3(2x-1)=0$，$(2x-1)\{(2x-1)-3\}=0$，

$(2x-1)(2x-4)=0$，$2(2x-1)(x-2)=0$，$\boxed{x=\frac{1}{2},\ 2}$

問題 1 7

(1)① $(-2)^3+8\div(-2)^2=(-8)+8\div4=(-8)+2=\boxed{-6}$

② $\dfrac{1}{\sqrt{2}} \times 3\sqrt{72} - \dfrac{20}{\sqrt{8}} \div \sqrt{50} = 3\sqrt{36} - \dfrac{20}{2\sqrt{2}} \times \dfrac{1}{\sqrt{50}}$

$=18-\dfrac{10}{\sqrt{2}} \times \dfrac{1}{\sqrt{50}} =18-\dfrac{10}{10} =18-1=\boxed{17}$

③ $\dfrac{2x-3y-4z}{3} - \dfrac{3x+2y-4z}{4} - \dfrac{-2x-3y+z}{6}$

$=\dfrac{4(2x-3y-4z)}{12} - \dfrac{3(3x+2y-4z)}{12} - \dfrac{2(-2x-3y+z)}{12}$

$=\dfrac{4(2x-3y-4z)-3(3x+2y-4z)-2(-2x-3y+z)}{12}$

$=\dfrac{8x-12y-16z-9x-6y+12z+4x+6y-2z}{12}$

$=\dfrac{3x-12y-6z}{12} = \boxed{\dfrac{x-4y-2z}{4}}$

④ $\dfrac{3}{8}x^2y \div \left(-\dfrac{5}{2}xy\right)^2 \times(-\dfrac{10}{9}xy^3)= \dfrac{3x^2y}{8} \div \dfrac{25x^2y^2}{4} \times \dfrac{-10xy^3}{9}$

$=\dfrac{3x^2y}{8} \times \dfrac{4}{25x^2y^2} \times \dfrac{-10xy^3}{9} =\boxed{-\dfrac{1}{15}xy^2}$

(2)　$x^2+2xy+y^2+7x+7y=(x+y)^2+7(x+y)=\boxed{(x+y)(x+y+7)}$

(3)　$x^2-4y^2=(x-2y)(x+2y)$ へ，$x=2\sqrt{3}+2\sqrt{2}$，$y=\sqrt{3}-\sqrt{2}$ を代入
して，$\{(2\sqrt{3}+2\sqrt{2})-2(\sqrt{3}-\sqrt{2})\}\{(2\sqrt{3}+2\sqrt{2})+2(\sqrt{3}-\sqrt{2})\}$
$=(2\sqrt{3}+2\sqrt{2}-2\sqrt{3}+2\sqrt{2})(2\sqrt{3}+2\sqrt{2}+2\sqrt{3}-2\sqrt{2})=4\sqrt{2}\times4\sqrt{3}$
$=\boxed{16\sqrt{6}}$

(4)　$(3x+4)^2-8(3x+4)+6=0$，$9x^2+24x+16-24x-32+6=0$,

$9x^2=10$，$x^2=\dfrac{10}{9}$，$\boxed{x=\pm\dfrac{\sqrt{10}}{3}}$

問題１８

(1)①　$70-2^3\times(-3)^2=70-8\times9=70-72=\boxed{-2}$

②　$\sqrt{2}(\sqrt{6}-\sqrt{24})+\sqrt{147}=\sqrt{2}(\sqrt{6}-2\sqrt{6})+7\sqrt{3}$
$=\sqrt{2}\times(-\sqrt{6})+7\sqrt{3}=-\sqrt{12}+7\sqrt{3}=-2\sqrt{3}+7\sqrt{3}=\boxed{5\sqrt{3}}$

③　$(x+y)^2+(x+y)(x-y)=(x^2+2xy+y^2)+(x^2-y^2)=\boxed{2x^2+2xy}$

④　$-\dfrac{8}{9}xy^2\times\left(-\dfrac{1}{2}xy\right)^2\div(-\dfrac{4}{15}x^3y)=\dfrac{-8xy^2}{9}\times\dfrac{x^2y^2}{4}\div\dfrac{-4x^3y}{15}$

$=\dfrac{-8xy^2}{9}\times\dfrac{x^2y^2}{4}\times\dfrac{15}{-4x^3y}=\boxed{\dfrac{5}{6}y^3}$

(2)　$a^2+2ab+b^2+3a+3b=(a+b)^2+3(a+b)=\boxed{(a+b)(a+b+3)}$

(3)　$x^2-y^2=(x+y)(x-y)$ へ，$x=\sqrt{5}+\sqrt{2}$，$y=\sqrt{5}-\sqrt{2}$ を代入し
て，$\{(\sqrt{5}+\sqrt{2})+(\sqrt{5}-\sqrt{2})\}\{(\sqrt{5}+\sqrt{2})-(\sqrt{5}-\sqrt{2})\}$
$=2\sqrt{5}\times2\sqrt{2}=\boxed{4\sqrt{10}}$

(4)　$\dfrac{1}{4}(x-1)^2+\dfrac{1}{2}(x-1)-\dfrac{3}{4}=0$，$(x-1)^2+2(x-1)-3=0$,

$x-1=$ A として，$A^2+2A-3=0$，$(A+3)(A-1)=0$,
$\{(x-1)+3\}\{(x-1)-1\}=0$，$(x+2)(x-2)=0$，$\boxed{x=\pm2}$

問題１９

(1)①　$-2^4+(-2)^3\times3=-16+(-8)\times3=-16+(-24)=\boxed{-40}$

② $\sqrt{6}\,(\sqrt{18}+\dfrac{6}{\sqrt{3}}\,)-\sqrt{72}=6\sqrt{3}+6\sqrt{2}-6\sqrt{2}=\boxed{6\sqrt{3}}$

③ $(a-2)(a-8)+(a-4)(a+4)=(a^2-10a+16)+(a^2-16)$
$=\boxed{2a^2-10a}$

④ $\dfrac{32}{9}x^4y\div(-\dfrac{2}{3}x^3y\,)\times(-6xy^2)^2=\dfrac{32x^4y}{9}\div\dfrac{-2x^3y}{3}\times\dfrac{36x^2y^4}{1}$

$=\dfrac{32x^4y}{9}\times\dfrac{3}{-2x^3y}\times\dfrac{36x^2y^4}{1}=\boxed{-192x^3y^4}$

(2) $x^2+xy-30y^2-3x-18y=(x+6y)(x-5y)-3(x+6y)$
$=\boxed{(x+6y)(x-5y-3)}$

(3) $x^2-y^2=(x+y)(x-y)$ へ，$x=\sqrt{5}+2$，$y=\sqrt{5}-2$ を代入して，
$\{(\sqrt{5}+2\,)+(\sqrt{5}-2\,)\}\{(\sqrt{5}+2\,)-(\sqrt{5}-2\,)\}$
$=2\sqrt{5}\times4=\boxed{8\sqrt{5}}$

(4) $\left(2-\dfrac{1}{2}x\right)^2=(x-1)(x-4)$，$4-2x+\dfrac{1}{4}x^2=x^2-5x+4$，

$\dfrac{3}{4}x^2-3x=0$，$\dfrac{1}{4}x^2-x=0$，$x^2-4x=0$，$x(x-4)=0$，$\boxed{x=0,\ 4}$

問題２０

(1)① $3^2-(-3)^3\div\dfrac{9}{2}=9-(-27)\times\dfrac{2}{9}=9-(-6)=\boxed{15}$

② $(\dfrac{\sqrt{27}-\sqrt{3}}{\sqrt{2}}-\sqrt{\dfrac{2}{3}}\,)\times\sqrt{6}=(\dfrac{3\sqrt{3}-\sqrt{3}}{\sqrt{2}}-\dfrac{\sqrt{2}}{\sqrt{3}}\,)\times\sqrt{6}$

$=(\dfrac{2\sqrt{3}}{\sqrt{2}}-\dfrac{\sqrt{2}}{\sqrt{3}}\,)\times\sqrt{6}=(\sqrt{6}-\dfrac{\sqrt{6}}{3}\,)\times\sqrt{6}=\dfrac{2\sqrt{6}}{3}\times\sqrt{6}=\boxed{4}$

③ $(x-3)^2+(2x+1)(x-9)=(x^2-6x+9)+(2x^2-18x+x-9)$
$=\boxed{3x^2-23x}$

④ $(-2ab)^3\div(-\dfrac{2}{3}ab\,)\div\dfrac{8}{9}ab^2=\dfrac{-8a^3b^3}{1}\div\dfrac{-2ab}{3}\div\dfrac{8ab^2}{9}$

$$= \frac{-8a^3b^3}{1} \times \frac{3}{-2ab} \times \frac{9}{8ab^2} = \boxed{\frac{27}{2}a}$$

(2)　$xy+x-y^2+5y+6=(xy+x)-(y^2-5y-6)$

$=x(y+1)-(y-6)(y+1)=(y+1)\{x-(y-6)\}=\boxed{(y+1)(x-y+6)}$

(3)　$2x^2+4xy+2y^2=2(x^2+2xy+y^2)=2(x+y)^2$ へ，$x=\sqrt{3}+\sqrt{2}$，$y=$

$\sqrt{3}-\sqrt{2}$ を代入して，$2\{(\sqrt{3}+\sqrt{2})+(\sqrt{3}-\sqrt{2})\}^2=2\times(2\sqrt{3})^2$

$=2\times12=\boxed{24}$

(4)　$(3x-y):(x+2y)=5:3$，$3(3x-y)=5(x+2y)$,

$9x-3y=5x+10y$, $4x=13y$, $y=\dfrac{4}{13}x$ だから，$x:y=x:\dfrac{4}{13}x$

$=\boxed{13:4}$

問題2 1

(1)①　$2^3-(-5)^2\times\dfrac{2}{5}=8-25\times\dfrac{2}{5}=8-10=\boxed{-2}$

②　$\sqrt{3}\times\left(\dfrac{\sqrt{15}}{3}\right)^2-\dfrac{5-\sqrt{6}}{\sqrt{3}}=\sqrt{3}\times\dfrac{15}{9}-\left(\dfrac{5}{\sqrt{3}}-\sqrt{2}\right)$

$=\dfrac{5\sqrt{3}}{3}-\dfrac{5\sqrt{3}}{3}+\sqrt{2}=\boxed{\sqrt{2}}$

③　$(a+4b)^2-(4b-a)^2=(a^2+8ab+16b^2)-(16b^2-8ab+a^2)$

$=a^2+8ab+16b^2-16b^2+8ab-a^2=\boxed{16ab}$

④　$(-ab^2)^3\times\left(\dfrac{b}{2a}\right)^2\div\dfrac{b^5}{8}=\dfrac{-a^3b^6}{1}\times\dfrac{b^2}{4a^2}\div\dfrac{b^5}{8}$

$=\dfrac{-a^3b^6}{1}\times\dfrac{b^2}{4a^2}\times\dfrac{8}{b^5}=\boxed{-2ab^3}$

(2)　$(2a-b)^2-(2b-a)^2$，$2a-b=$A，$2b-a=$B とおけば，

$A^2-B^2=(A+B)(A-B)=\{(2a-b)+(2b-a)\}\{(2a-b)-(2b-a)\}$

$=(a+b)(3a-3b)=\boxed{3(a+b)(a-b)}$

(3)　$x^3y-xy^3=xy(x^2-y^2)=xy(x+y)(x-y)$ へ，$x=\sqrt{5}-2$，$y=\sqrt{5}+2$
を代入して，

$(\sqrt{5}-2)(\sqrt{5}+2)\{(\sqrt{5}-2)+(\sqrt{5}+2)\}\{(\sqrt{5}-2)-(\sqrt{5}+2)\}$
$=2\sqrt{5}\times(-4)=\boxed{-8\sqrt{5}}$

(4)　$x=-1$ を代入すれば，$(-1)-\dfrac{1}{8}a-\dfrac{3\times(-1)-1}{2}=1$，

$-1-\dfrac{1}{8}a-(-2)=1$，$-\dfrac{1}{8}a+1=1$，$-\dfrac{1}{8}a=0$，$\boxed{a=0}$

問題 2 2
(1)① 　$4^2+(-3+1)^3\times3=16+(-2)^3\times3=16+(-8)\times3$
$=16+(-24)=\boxed{-8}$

②　$\sqrt{3}(2+\sqrt{6})-\sqrt{2}(3-\sqrt{6})=2\sqrt{3}+3\sqrt{2}-3\sqrt{2}+2\sqrt{3}$
$=\boxed{4\sqrt{3}}$

③　$(2a+4b)(a-2b)-(a+b)(a-8b)$
$=2(a+2b)(a-2b)-(a+b)(a-8b)$
$=2(a^2-4b^2)-(a^2-8ab+ab-8b^2)$
$=2(a^2-4b^2)-(a^2-7ab-8b^2)=2a^2-8b^2-a^2+7ab+8b^2$
$=\boxed{a^2+7ab}$

④　$\left(\dfrac{4}{5}xy^2\right)^2\div(-x^3y^4)\times\left(-\dfrac{5}{2}x^2y\right)^3$

$=\dfrac{16x^2y^4}{25}\div\dfrac{-x^3y^4}{1}\times\dfrac{-125x^6y^3}{8}$

$=\dfrac{16x^2y^4}{25}\times\dfrac{1}{-x^3y^4}\times\dfrac{-125x^6y^3}{8}=\boxed{10x^5y^3}$

(2)　$x+6=$ Ａとおけば，$A^2-8A+16=(A-4)^2=\{(x+6)-4\}^2$
$=\boxed{(x+2)^2}$

(3)　$x^2-x-y-y^2=x^2-y^2-x-y=(x+y)(x-y)-(x+y)$
$=(x+y)(x-y-1)$ へ，$x=3+\sqrt{5}$，$y=3-\sqrt{5}$ を代入して，
$\{(3+\sqrt{5})+(3-\sqrt{5})\}\{(3+\sqrt{5})-(3-\sqrt{5})-1\}=6(2\sqrt{5}-1)$

$=\boxed{12\sqrt{5}-6}$

(4)　$x=-9$, $y=8$ を代入して，$\begin{cases} -9a+48=-3b\cdots① \\ -9b+32=-13\cdots② \end{cases}$，②を整理し

て，$-9b=-13-32$，$-9b=-45$，$b=5$，①へ代入して，

$-9a+48=-15$，$-9a=-15-48$，$-9a=-63$，$a=7$，$\begin{cases} a=7 \\ b=5 \end{cases}$

問題２３

(1)①　$-4^2\times(-\dfrac{1}{2})^3-(-3)^2=-16\times(-\dfrac{1}{8})-9=2-9=\boxed{-7}$

②　$\sqrt{7}(\sqrt{63}-\sqrt{28})-\sqrt{3}(\sqrt{18}-\sqrt{12})$

$=\sqrt{7}(3\sqrt{7}-2\sqrt{7})-\sqrt{3}(3\sqrt{2}-2\sqrt{3})$

$=\sqrt{7}\times\sqrt{7}-\sqrt{3}(3\sqrt{2}-2\sqrt{3})=7-3\sqrt{6}+6=\boxed{13-3\sqrt{6}}$

③　$(3a+b)(a-4b)-(a-2b)(a-9b)$

$=(3a^2-12ab+ab-4b^2)-(a^2-9ab-2ab+18b^2)$

$=(3a^2-11ab-4b^2)-(a^2-11ab+18b^2)=\boxed{2a^2-22b^2}$

④　$(-2ab^2)^3\div\dfrac{16}{9}a^3b^2\times\left(-\dfrac{2}{3}ab\right)^2=\dfrac{-8a^3b^6}{1}\div\dfrac{16a^3b^2}{9}\times\dfrac{4a^2b^2}{9}$

$=\dfrac{-8a^3b^6}{1}\times\dfrac{9}{16a^3b^2}\times\dfrac{4a^2b^2}{9}=\boxed{-2a^2b^6}$

(2)　$x+y=$A とおけば，$A^2-5A+4=(A-4)(A-1)$

$=\{(x+y)-4\}\{(x+y)-1\}=\boxed{(x+y-4)(x+y-1)}$

(3)　$xy-2x-3y+6=x(y-2)-3(y-2)=(x-3)(y-2)$ へ，

$x=3-\sqrt{2}$，$y=2+\sqrt{6}$ を代入して，$\{(3-\sqrt{2})-3\}\{(2+\sqrt{6})-2\}$

$=(-\sqrt{2})\times\sqrt{6}=\boxed{-2\sqrt{3}}$

(4)　$x=-1$, $y=2$ を代入して，$\begin{cases} -a+4b=-13\cdots① \\ -2a-6b=16\cdots② \end{cases}$，①×２とし

て，$\begin{cases} -2a+8b=-26 \\ -2a-6b=16 \end{cases}$，２式の差から，$14b=-42$，$b=-3$，

①へ代入して，$-a+4\times(-3)=-13$，$-a=-1$，$a=1$，$\begin{cases}a=1\\b=-3\end{cases}$

問題 2 4

(1)① $6-3\times(7-2^2)=6-3\times(7-4)=6-3\times3=6-9=\boxed{-3}$

② $(2\sqrt{6}+\sqrt{3})(3\sqrt{6}-2\sqrt{3})=6\sqrt{36}-4\sqrt{18}+3\sqrt{18}-2\sqrt{9}$

$=36-\sqrt{18}-6=\boxed{30-3\sqrt{2}}$

③ $(2a+\dfrac{1}{2}b)^2-(2a-\dfrac{1}{2}b)^2$

$=\{(2a+\dfrac{1}{2}b)-(2a-\dfrac{1}{2}b)\}\{(2a+\dfrac{1}{2}b)+(2a-\dfrac{1}{2}b)\}=b\times4a=\boxed{4ab}$

④ $-\dfrac{9}{10}x^3y\div\left(\dfrac{3}{5}xy^2\right)^2\times\left(-\dfrac{2}{3}y^2\right)^2=\dfrac{-9x^3y}{10}\div\dfrac{9x^2y^4}{25}\times\dfrac{4y^4}{9}$

$=\dfrac{-9x^3y}{10}\times\dfrac{25}{9x^2y^4}\times\dfrac{4y^4}{9}=\boxed{-\dfrac{10}{9}xy}$

(2) $x-4=$A とおけば，3A^2+6yA$=3$A$($A$+2y)$

$=3(x-4)\{(x-4)+2y\}=\boxed{3(x-4)(x+2y-4)}$

(3) $ab+2a-3b-6=a(b+2)-3(b+2)=(a-3)(b+2)$ へ，

$a=3+\sqrt{5}$，$b=-2+\sqrt{3}$ を代入して，$\{(3+\sqrt{5})-3\}\{(-2+\sqrt{3})+2\}$

$=\sqrt{5}\times\sqrt{3}=\boxed{\sqrt{15}}$

(4) $\begin{cases}2x+y=1\cdots①\\x-y=5\cdots②\end{cases}$ を組み合わせ 2 式の和から，$3x=6$，$x=2$，①

へ代入して，$2\times2+y=1$，$y=-3$，そこで $\begin{cases}x=2\\y=-3\end{cases}$ を $\begin{cases}ax+by=-9\\bx+ay=11\end{cases}$

へ代入して，$\begin{cases}2a-3b=-9\cdots③\\2b-3a=11\cdots④\end{cases}$，③×2，④×3 として

$\begin{cases}4a-6b=-18\\-9a+6b=33\end{cases}$，2 式の和から，$-5a=15$，$\boxed{a=-3}$

問題２５

(1)① $(-1)^2-(3-2^2)\times3=1-(3-4)\times3=1-(-1)\times3=1-(-3)$

$=\boxed{4}$

② $-\dfrac{10}{\sqrt{20}}+(1-\sqrt5)(\sqrt5-1)=-\sqrt5+\sqrt5-1-5+\sqrt5$

$=\boxed{\sqrt5-6}$

③ $(3a-4b)^2-3(a-4b)(3a+b)$

$=9a^2-24ab+16b^2-3(3a^2+ab-12ab-4b^2)$

$=9a^2-24ab+16b^2-3(3a^2-11ab-4b^2)$

$=9a^2-24ab+16b^2-9a^2+33ab+12b^2$

$=\boxed{9ab+28b^2}$

④ $\left(\dfrac{x}{2}\right)^3\div\left(-\dfrac{2xy^3}{3}\right)^2\times(-4y^3)^2=\dfrac{x^3}{8}\div\dfrac{4x^2y^6}{9}\times\dfrac{16y^6}{1}$

$=\dfrac{x^3}{8}\times\dfrac{9}{4x^2y^6}\times\dfrac{16y^6}{1}=\boxed{\dfrac{9}{2}x}$

(2) $3x+4=$Ａとおけば，A$^2+6$A$+8=($A$+2)($A$+4)$

$=\{(3x+4)+2\}\{(3x+4)+4\}=(3x+6)(3x+8)=\boxed{3(x+2)(3x+8)}$

(3) $(a-b)^2+4ab=a^2-2ab+b^2+4ab=a^2+2ab+b^2=(a+b)^2$

$a=\sqrt3+\sqrt2$, $b=\sqrt3-\sqrt2$ を代入して，$\{(\sqrt3+\sqrt2)+(\sqrt3-\sqrt2)\}^2$

$=(2\sqrt3)^2=\boxed{12}$

(4) $\begin{cases}2x+3y=1\cdots① \\ x+y=2\cdots②\end{cases}$ を組み合わせ，②×2とすれば，

$\begin{cases}2x+3y=1\cdots① \\ 2x+2y=4\cdots②\end{cases}$，2式の差から，$y=-3$，①へ代入して，

$2x+3\times(-3)=1$，$2x-9=1$，$2x=10$，$x=5$，そこで$\begin{cases}x=5 \\ y=-3\end{cases}$を

$\begin{cases}x-3y=a \\ 2x+y=b\end{cases}$へ代入して，$\begin{cases}5-3\times(-3)=a\cdots③ \\ 2\times5+(-3)=b\cdots④\end{cases}$，③より $a=5-(-9)$

=14,　④より b=10−3=7,　$\begin{cases}a=14\\b=7\end{cases}$

問題２６

(1)① $(-4)^2×3-(-3^3)×(-2)=16×3-(-27)×(-2)$
$=48-54=\boxed{-6}$

② $(2-\sqrt{3})^2-\dfrac{6}{\sqrt{3}}+\sqrt{75}=(7-4\sqrt{3})-2\sqrt{3}+5\sqrt{3}=\boxed{7-\sqrt{3}}$

③ $(x-3)^2-(x+1)(x-1)+3(2x-4)=x^2-6x+9-(x^2-1)+6x-12$
$=x^2-6x+9-x^2+1+6x-12=\boxed{-2}$

④ $2a^5b^3×\left(-\dfrac{5}{6}a\right)^2÷\left(-\dfrac{5}{3}a^2b\right)^3=\dfrac{2a^5b^3}{1}×\dfrac{25a^2}{36}÷\dfrac{-125a^6b^3}{27}$

$=\dfrac{2a^5b^3}{1}×\dfrac{25a^2}{36}×\dfrac{27}{-125a^6b^3}=\boxed{-\dfrac{3}{10}a}$

(2)　$x-2=$Ａとおけば，9Ａ$^2-6$Ａ$+1=(3$Ａ$-1)^2$
$=\{3(x-2)-1\}^2=\boxed{(3x-7)^2}$

(3)　$x^2+y^2=(x+y)^2-2xy$ として，$x+y=6$，$xy=2$ を代入すれば，
$6^2-2×2=36-4=\boxed{32}$

(4)　$x=-2$ を代入すれば，$(-2)^2-a×(-2)-22=0$,
$4+2a-22=0$,　$2a=18$,　$\boxed{a=9}$

問題２７

(1)① $(-2)^3×3-(-3^2)×5=(-8)×3-(-9)×5=-24-(-45)$
$=-24+45=\boxed{21}$

② $\dfrac{\sqrt{3}-3}{\sqrt{3}}-(1-\sqrt{3})(1+\sqrt{3})=\left(\dfrac{\sqrt{3}}{\sqrt{3}}-\dfrac{3}{\sqrt{3}}\right)-(1-\sqrt{3})(1+\sqrt{3})$
$=(1-\sqrt{3})-(1-\sqrt{3})(1+\sqrt{3})=(1-\sqrt{3})\{1-(1+\sqrt{3})\}$
$=-\sqrt{3}(1-\sqrt{3})=\boxed{-\sqrt{3}+3}$

③ $(x+6)^2-(x-6)^2-(x+6)(x-6)-12(2x+3)$
$=(x^2+12x+36)-(x^2-12x+36)-(x^2-36)-24x-36$
$=x^2+12x+36-x^2+12x-36-x^2+36-24x-36=\boxed{-x^2}$

176

④　$\dfrac{(-xy)^3}{2} \div \left(\dfrac{x^2 y}{3}\right)^2 \times \dfrac{x}{y} = \dfrac{-x^3 y^3}{2} \div \dfrac{x^4 y^2}{9} \times \dfrac{x}{y}$

$= \dfrac{-x^3 y^3}{2} \times \dfrac{9}{x^4 y^2} \times \dfrac{x}{y} = \boxed{-\dfrac{9}{2}}$

(2)　$x+2y=$A とおけば，2A$(x-2y)-$A$(x-6y)$

$=$A$\{2(x-2y)-(x-6y)\}=$A$(2x-4y-x+6y)=$A$(x+2y)$

$=\boxed{(x+2y)^2}$

(3)　$x^2+y^2=(x+y)^2-2xy$ として，$x+y=5$，$xy=3$ を代入すれば，

$5^2-2\times3=25-6=\boxed{19}$

(4)　$x=4$ を代入すれば，$4^2-5\times4+a=0$，$16-20+a=0$，$\boxed{a=4}$,

$x^2-5x+4=0$，$(x-1)(x-4)=0$ より，もう１つの解は，$\boxed{x=1}$

問題２８

(1)①　$(-3^2)\times1^2-(-2)^2\times2=(-9)\times1-4\times2=-9-8=\boxed{-17}$

②　$(\sqrt{3}-\sqrt{5})(5+\sqrt{15})-\dfrac{6-2\sqrt{10}}{\sqrt{2}}$

$=(\sqrt{3}-\sqrt{5})(\sqrt{25}+\sqrt{15})-\left(\dfrac{6}{\sqrt{2}}-\dfrac{2\sqrt{10}}{\sqrt{2}}\right)$

$=(\sqrt{3}-\sqrt{5})\times\sqrt{5}(\sqrt{3}+\sqrt{5})-(3\sqrt{2}-2\sqrt{5})$

$=\sqrt{5}\times(-2)-3\sqrt{2}+2\sqrt{5}=\boxed{-3\sqrt{2}}$

③　$(x-3)^2-2(x+1)(x-8)+x(x-5)$

$=x^2-6x+9-2(x^2-7x-8)+x^2-5x$

$=x^2-6x+9-2x^2+14x+16+x^2-5x$

$=\boxed{3x+25}$

④　$\dfrac{1}{2}xy^4 \div \left(-\dfrac{3}{2}xy^2\right)^3 \times(-9x^2y)^2 = \dfrac{xy^4}{2} \div \dfrac{-27x^3y^6}{8} \times \dfrac{81x^4y^2}{1}$

$= \dfrac{xy^4}{2} \times \dfrac{8}{-27x^3y^6} \times \dfrac{81x^4y^2}{1} = \boxed{-12x^2}$

(2)　$2x+y=$A とおけば，$($A$+3)($A$-5)+7=$A$^2-2$A$-15+7$

177

$=A^2-2A-8=(A-4)(A+2)=\boxed{(2x+y-4)(2x+y+2)}$

(3)　$x-1=-\sqrt{5}$ とし，$x^2-2x+3=x^2-2x+1+2=(x-1)^2+2$ へ代入すれば，$(-\sqrt{5})^2+2=5+2=\boxed{7}$

(4)　$x=-3,\ \dfrac{1}{2}$ だから，$(x+3)(x-\dfrac{1}{2})=0,\ x^2+\dfrac{5}{2}x-\dfrac{3}{2}=0,$

$2x^2+5x-3=0,\ -2x^2-5x+3=0,$ ここで係数を比較して，

$\boxed{a=-2,\ b=-5}$

問題２９

(1)　① $(-2)^3\div2-(8-10)\times7=(-8)\div2-(-2)\times7$

$=(-4)-(-14)=-4+14=\boxed{10}$

② $(\sqrt{2}+3)(2\sqrt{2}-5)-(3+\sqrt{2})^2$

$=(4-5\sqrt{2}+6\sqrt{2}-15)-(11+6\sqrt{2})=(-11+\sqrt{2})-(11+6\sqrt{2})$

$=\boxed{-22-5\sqrt{2}}$

③　$\dfrac{(x-6y)(x+2y)}{2}-\dfrac{(x-3y)^2}{3}=\dfrac{x^2-4y-12y^2}{2}-\dfrac{x^2-6xy+9y^2}{3}$

$=\dfrac{3(x^2-4xy-12y^2)}{6}-\dfrac{2(x^2-6xy+9y^2)}{6}$

$=\dfrac{3(x^2-4xy-12y^2)-2(x^2-6xy+9y^2)}{6}$

$=\dfrac{3x^2-12xy-36y^2-2x^2+12xy-18y^2}{6}=\boxed{\dfrac{x^2-54y^2}{6}}$

④　$(-ab^2)\div\left(-\dfrac{1}{4}ab^3\right)^3\times(-0.5a^2b^6)^2$

$=\dfrac{-ab^2}{1}\div\dfrac{-a^3b^9}{64}\times\dfrac{a^4b^{12}}{4}=\dfrac{-ab^2}{1}\times\dfrac{64}{-a^3b^9}\times\dfrac{a^4b^{12}}{4}=\boxed{16a^2b^5}$

(2)　$a+b=A$ とおけば，$A^2+6(A+3)-10=A^2+6A+18-10$

$=A^2+6A+8=(A+2)(A+4)=\{(a+b)+2\}\{(a+b)+4\}$

$=\boxed{(a+b+2)(a+b+4)}$

(3) $x+4=\sqrt{6}$ とし，$x^2+8x+15=x^2+8x+16-1=(x+4)^2-1$ へ代入すれば，$(\sqrt{6})^2-1=6-1=\boxed{5}$

(4) $x=-2$, 4 だから，$(x+2)(x-4)=0$，$x^2-2x-8=0$，ここで係数を比較して，$a=-2$, $b=-8$，よって，$x^2-8x-4=0$ を解けば，$(x-4)^2-16-4=0$，$(x-4)^2=20$，$x-4=\pm 2\sqrt{5}$，$\boxed{x=4\pm 2\sqrt{5}}$

問題３０

(1)① $(2-4)^3 \times (3-5) \div (-3^2) = (-2)^3 \times (-2) \div (-9)$

$= (-8) \times (-2) \div (-9) = \boxed{-\dfrac{16}{9}}$

② $(\sqrt{3}-\sqrt{6})^2 - (\sqrt{10}+1)(\sqrt{10}-1) = (9-2\sqrt{18})-(10-1)$

$= 9-6\sqrt{2}-9 = \boxed{-6\sqrt{2}}$

③ $\dfrac{(2x-3y)^2}{3} - \dfrac{(x-2y)(5x-6y)}{4}$

$= \dfrac{x^2-12xy+9y^2}{3} - \dfrac{5x^2-16xy+12y^2}{4}$

$= \dfrac{4(x^2-12xy+9y^2)-3(5x^2-16xy+12y^2)}{12}$

$= \dfrac{4x^2-48xy+36y^2-15x^2+48xy-36y^2}{4} = \boxed{\dfrac{1}{12}x^2}$

④ $\left(\dfrac{2}{3}x^2y\right)^3 \div \left(-\dfrac{1}{9}x^2y^3\right)^2 \times (-xy^2)^3 = \dfrac{8x^6y^3}{27} \div \dfrac{x^4y^6}{81} \times \dfrac{-x^3y^6}{1}$

$= \dfrac{8x^6y^3}{27} \times \dfrac{81}{x^4y^6} \times \dfrac{-x^3y^6}{1} = \boxed{-24x^5y^3}$

(2) $(a^2-b^2)x^2-a^2+b^2 = (a^2-b^2)x^2-(a^2-b^2) = (a^2-b^2)(x^2-1)$
$= \boxed{(a+b)(a-b)(x+1)(x-1)}$

(3) $x-6=\sqrt{7}$ とし，$x^2-12x+36=(x-6)$ へ代入すれば，
$(\sqrt{7})^2=\boxed{7}$

(4) $x=3$ を代入して，$3^2+3a-3=0$，$3a=-6$，$\boxed{a=-2}$，よって，

$x^2-2x-3=0$, $(x-3)(x+1)=0$ だから他の解は, $x=-1$, これを代入すれば, $3\times(-1)^2-8\times(-1)+b=0$, $3+8+b=0$, $\boxed{b=-11}$

◆著者◆

谷津 綱一（やつ・こういち）

指導歴 30 余年の元進学塾講師。
東京出版、かんき出版、KADOKAWA、文英堂などに著書多数。

高校入試数学
小問集合の攻略

2024 年 2 月 20 日　初版第 1 刷発行

著　者　谷　津　綱　一
編集人　清　水　智　則
発行所　エール出版社
〒 101-0052　東京都千代田区神田小川町 2-12
信愛ビル 4 F
e-mail：info@yell-books.com
電話　03(3291)0306
FAX　03(3291)0310

ISBN978-4-7539-3561-1

高校入試数学 すごくわかりやすい 規則性の問題の徹底攻略

苦手な「規則性の問題」を何とかしたいあなたへ！ 高校入試数学対策に必須の1冊

第1章 基礎編

> 基礎編では「規則性の問題」を解くときによく使う考え方を学びます。「規則性の問題」が「わかる」だけでなく、「できる」ようになるための第一歩として、まずはここに書いてある内容を、自分で自分に説明できるくらいまで、繰り返し勉強してみてください。第2章の「演習編」の問題が解けるかどうか、引いては実際の入試で「規則性の問題」が出たときに解けるかどうかは、この「基礎編」をどれだけ習熟したかにかかっています。

1 植木算／2 等差数列／3 三角数／4 四角数（平方数）／
5 組になった数列（周期算）

第2章 演習編（問題）

> さて、「基礎編」で学習した考え方を利用して、過去の高校入試で実際に出題された「規則性の問題」を解いてみましょう。難易度はなるべく「易→難」の順に配置していますが、問題の種類はあえてランダムに配置しています（問題ごとに、「基礎編」で学習したどの考え方を使うのかを、各自が考えて解いて欲しいからです）。ただし、すべてが「基礎編」の考え方で解けるというわけではありません。「基礎編」で学んだことはあくまで「規則性の問題で利用できる代表的な考え方」です。繰り返しになりますが、それぞれの問題で粘り強くよく考え、解けなかったところは解説を読んで繰り返しチャレンジしてみてください。

改訂新版

第3章 演習編（解答・解説）

ISBN978-4-7539-3477-5

若杉朋哉・著　　　　　　　　　　●本体 1500 円（税別）

30点台からでも
1週間で90点取れる
中学生の魔法の勉強法

たった3日の勉強で32点だった中学生が97点取った！ その勉強法とは

第1章　本書を利用して点数を爆上げする方法

第2章　テストの点数を爆上げさせる必勝スケジュール

第3章　90点以上取るための勉強法
　　　　ステップバイステップ＜英語編＞

第4章　90点以上取るための勉強法
　　　　ステップバイステップ＜国語編＞

第5章　90点以上取るための勉強法
　　　　ステップバイステップ＜数学編＞

第6章　90点以上取るための勉強法
　　　　ステップバイステップ＜社会編＞

第7章　90点以上取るための勉強法
　　　　ステップバイステップ＜理科編＞

第8章　タッタ7日で全教科90点以上取るための勉強スケ
　　　　ジュール完全公開！

大好評!!
改訂5版

ISBN978-4-7539-3517-8

上原央惺・著　　　　　　　　　◎本体1500円（税別）

おもしろいほど
成績が上がる中学生の
「間違い直し勉強法」

塾生の9割が成績アップした秘訣を公開
たった3つ！「間違い直し勉強法」の基本ルール
誰でもできる超簡単「記憶術」

1章　「間違い直し勉強法」でこれだけ成績がアップ
2章　やってはいけない間違った勉強の仕方ワースト10
　　　何回も何回も書き取りしてはいけない
　　　いきなりまとめノートを書いてはいけない　他
3章　たった3つ「間違い直し勉強法」の基本ルール
　　　問題集を「読む」／問題集を「解く」／問題集を「直す」
4章　どうして成績がそんなに上がるの？よくわかる学習心理学
　　　記憶は、覚える、覚えている、思い出す
　　　人は20分で多くのことを忘れている
5章　だれでもできる簡単"記憶術"
　　　頭文字暗記法／呪文暗記法／丸つけ暗記法／イメージ
　　　連想法／マインドマップ記憶法／リズム暗記法
6章　実際に問題を解いてみよう（数学編）
7章　実際に問題を解いてみよう（英語編）
8章　実際に問題を解いてみよう（国語編）
9章　実際に問題を解いてみよう（理科・社会編）
10章　こんな勉強の工夫もある
11章　塾選び・教材選びに困ったら
12章　進路選びと受験生としての心構え

増補改訂版

ISBN978-4-7539-3452-2

伊藤敏雄・著　　　　　　　　●本体 1500 円（税別）